KB206593

그 개는
정말 좋아서
꼬리를
흔들었을까?

개 마음 읽어주는 의사
설채현의
반려견 탐구생활

그 개는 정말 좋아서 꼬리를 흔들었을까?

설채현 지음

동아일보사

차례

PART 2 TV는 '마법 상자'가 아니다

PART 3 개는 '사람'이 아니다

PART 4 반려견은 가족이다

개정증보판을 펴내며

'그 개는 정말 좋아서 꼬리를 흔들었을까'를 출간한 지 벌써 5년이 넘어갑니다. 그동안 저는 '세상에 나쁜 개는 없다'라는 방송 프로그램을 계속하고, 병원 진료도 열심히 하고, 공부 또한 꾸준히 하면서 지냈습니다. 자연스레 경험이 쌓이고 반려견에 대해서도 더 많은 것을 알게 됐지요. 문득 '5년 전 썼던 책 내용을 조금 손보면 어떨까' 하는 생각이 들었습니다.

그 사이 달라진 반려동물 관련 법규나 정책이 제법 있습니다. 그것들을 반영해 일부 내용을 수정하고 싶었습니다. 동시에 제가 틈틈이 정리해둔, 독자 여러분께 꼭 알려드리고 싶은 정보를 추가한다면 좀 더 유용한 책이 되겠다는 판단도 하게 되었습니다.

개정증보판을 준비하며 오랜만에 이 책을 꼼꼼히 다시 읽었습니다. 책장을 처음 펼칠 때는 두려운 마음도 있었습니다. 지난 5년 사이, 제가 저도 모르는 새 다른 사람이 되어 있을까 봐 걱정되었거든요. 지금의 제가 혹시라도 이 책을 쓰던 때와 다른 생각, 말, 행동을 하고 있으면 어떡하나 싶었습니다.

다행히 제 걱정은 기우였습니다. 책장을 넘길 때마다 수의사로서, 동시에 동물행동치료 전문가로서 제가 갖고 있는 생각이 고스란히 활자로 펼쳐졌습니다. 제 아내는 저를 '초심이'라고 부르는데, 그 별명처럼 아직 초심을 잃지 않았다는 걸 알게 되었습니다. '내가 해야 할 일을 제대로 하고 있구나'라는 확신이 들었다는 게, 개인적으로는 이번 개정증보판 작업을 하면서 얻은 가장 큰 소득입니다.

동시에 일부 슬픈 감정도 생기긴 했습니다. 이 책 초판이 나온 시기는 제가 방송을 시작하고 우리나라 반려 문화에 대해 본격적으로 발언하기 시작하던 무렵입니다. 당시 이루고자 했던 목표가 아직 만족스럽게 이뤄지지 않은 점이 안타깝습니다.

제가 동물병원을 운영하고 책을 쓰거나 방송에 출연하는 것은 일차적으로는 개인적 필요 때문입니다. 저 또한 일을 해서 돈을 벌고 생계를 꾸려나가는 생활인이니까요. 하지만 그게 전부는 아닙니다. 저는 오래전부터 우리나라 반려 문화를 조금 더 행복한 방향으로 바꾸는 데 도움이 되고 싶다는 바람을 가져왔습니다. 저를 통해 사람들이 개라는 동물을 더 잘 이해하게 되고, 그 결과 반려 생활이 행복해지기를 바랍니다. 그 마음을 담아 '그 개는 정말 좋아서 꼬리를 흔들었을까'를 펴냈습니다. 그런데 5년이 지난 지금도 여전히 개 물림 사고가 반복되고, 불필요한 입마개 논란 또한 사라지지 않고 있으니 안타깝습니다.

이 외에도 반려견 관련 이슈는 참 많지요. 관련 문제가 생길 때마다 개라는 동물에 대한 오해, 오래전부터 내려온 잘못된 선입견 등이 뒤섞여 상황을 악화시키곤 합니다. 일부 방송이나 유튜브 콘텐츠 등이 서열과 체벌에 대한 가짜 정보를 퍼뜨리며 갈등을 부추기기도 하고요.

한때는 사실이 아닌 내용을 참인 양 퍼뜨리는 사람들에 맞서 소리 높여 싸워볼까 하는 생각도 했습니다. 하지만 이제는 정확한 정보를 알기 쉽게, 차분하지만 단호한 태도로 꾸준히 알려나가는 것이 더 중요하다고 믿습니다. 이 책을 펴내는 것은 그런 노력의 일환입니다.

지난 5년 사이, '그 개는 정말 좋아서 꼬리를 흔들었을까' 책을 들고 저를 찾아와 사인해달라고 청하는 학생들을 많이 만났습니다. 진정으로 개를 이해하고 사랑하는 청소년들을 보면서

“이 친구들이 세상의 주인공이 되는 시기에는 많은 것이 바뀌겠구나!!!” 하는 희망을 갖게 되었습니다.

독자 여러분이 이 책을 통해 반려 문화에 대해 한 번 더 생각하는 기회를 갖게 된다면, 누군가 “개는 이러저러한 동물이야”라고 단정적으로 말할 때 ‘정말 그럴까’하는 의문을 품게 된다면, 한걸음 더 나아가 사람과 개가 함께 행복한 반려문화를 만들고자 노력하게 된다면 저는 더 바랄 것이 없겠습니다.

누군가는 우리가 왜 그렇게까지 해야 하느냐고 물을 수 있습니다. 그에 대한 저의 답변은 “반려동물을 위하는 것이 곧 사람을 위하는 것이니까요”입니다.

동물은 인간 중심 사회에서 때때로 물건보다 못한 취급을 받습니다. 철저한 약자이지요. 그런 동물을 대하는 자세는, 우리가 약자를 대하는 태도에 영향을 미칠 수밖에 없습니다. 우리가 사는 세상이 약자를 배려하고, 더불어 살아가는 따뜻한 공간이 되어야 하지 않을까요. 우리 또한 어떤 상황에서는 약자가 될 수 있으니까요!

2024년 가을,

설채현

| 프 | 롤 | 로 | 그 |

당신의 강아지는 행복한가요?

"장난칠 때마다 꼬리를 흔들어서 좋아하는 줄만 알았어요."

얼마 전 계단 공포증을 해결해달라는 부탁을 받고 강아지 별이네 집에 갔을 때 예닐곱 살 정도 된 그 집 아이들이 저에게 한 말입니다. 별이네 가족은 엘리베이터가 없는 건물에 살고 있기 때문에 별이를 데리고 산책 한 번 나가는 데도 큰 어려움을 겪고 있다고 했습니다. 그런데 막상 집에 도착해 상황을 살펴보니 별이의 계단 공포증보다 더 심각한 문제가 도사리고 있었습니다. 함께 사는 어린아이들이 별이의 꼬리를 강제로 끌어당기거나 아무렇지 않게 엉덩이를 때리는 등 다소 과격한 행동을 했던 겁니다. 이 같은 행동은 엄마가 잠시 자리를 비울 때 더 심각해졌습니다. 아이들의 장난이 익숙한 듯 별이는 아무런 반응을 하지 않았습니다. 그저 꼬리를 흔들 뿐이었죠. 저는 평소에 화를 잘 안 내는 편인데도, 그때는 매우 화가 났습니다. 아이들 잘못이 문제여서라기보다는 이대로 내버려두면 나중에 아이들이 자라면서 잘못된 인식을 가질 우려가 있었기 때문이죠.

저는 곧바로 청진기를 들고 아이들 자신의 심장 소리와 별이의 심장 소리를 연달아 들려줬습니다. 우리 심장이 뛰는 것처럼 개도 심장이 뛴다는 당연한 사실을 직접 느끼고 깨닫게 한 것이죠. 청진기로 들려오는 별이의 힘찬 심장 소리를 들은 아이들은 별이가 "함부로 대해도 되는 장난감이 아니라 소중한 생명"임을 깨달았다고 말했습니다.

아이들에게 동물을 어떻게 대해야 하는지 알려주지 않으면 동물을 존중하는 마음을 가질 수 없습니다. 겉으로는 꼬리를 흔들며 친해 보여도 별이는 아이들의 장난에 큰 스트레스를 받고 있었습니다. 별이가 꼬리를 치는 행동은 좋아서 하는 표현이 아니었던 거죠. 어쩌면 자기 마음을 이해해달라는 간절한 신호가 아니었을까요?

비록 수의사지만 제가 동물의 마음을 모두 아는 건 아닙니다. 물론 어렸을 때부터 동물을 무척 좋아하긴 했습니다. 학교가 끝나면 곧장 집으로 가지 않고 항상 강아지를 키우는 친구

집에 놀러 갔습니다. 우리 엄마를 보는 시간보다 친구들 엄마를 보는 시간이 더 많을 정도였으니 지금 생각하면 민폐가 따로 없었습니다. 그런 아들의 마음을 잘 아는 엄마는 아들을 공부시키기 위해 강아지를 이용했습니다. "1등 하면 강아지 기르게 해줄게"라는 엄마의 말을 철석같이 믿으며 그저 강아지를 키우고 싶다는 마음에 열심히 공부했습니다. 엄마 말을 잘 들어서인지 아니면 아들의 간절한 바람을 이기기 어려웠는지 몰라도, 어쨌든 고등학교 2학년 때 저의 첫 반려견 슈나(아버지가 슈나우저 견종이라고 슈나라는 이름을 붙였습니다)를 만나게 되었습니다. 그리고 슈나 덕분에 제 꿈은 수의사가 되는 것으로 굳어졌죠.

사실 수의대 재학 시절만 해도 수술 잘하는 외과 수의사가 꿈이었습니다. 하지만 전문적인 외과 수의사가 되려면 대학원 공부를 더 해야 했고, 그러자니 돈과 시간이 더 많이 필요했습니다. 가뜩이나 대학 6년 동안 엄청난 등록금을 내느라 부모님 고생만 잔뜩 시켜드렸는데, 염치없이 다시 대학원에 가겠다고 고집부릴 형편은 아니었습니다.

이래저래 다시 구체적인 진로를 고민해야 할 순간이었습니다. 그때 제 뒤통수를 쿵하고 때리는 말을 들었습니다. "꿈이 직업이 되어서는 안 된다. 어떤 사람이 되어야 하느냐가 꿈이어야 한다." 어렸을 적부터 그저 수의사가 되려고만 생각했던 저는 그때부터 어떤 수의사가 되어야 할지를 고민하게 되었습니다. 그때 제 머릿속에 가장 먼저 떠오른 생각은 이거였습니다.

'수의사로서 강아지들을 위해 무엇을 하면 좋을까? 내가 뭘 하면 나한테 재미있으면서도 동물의 삶에 도움을 줄 수 있을까?'

그러다 사회적으로 큰 문제가 되는 유기견 증가 현상에 자연스레 생각이 미쳤습니다.

'유기견은 도대체 왜 이렇게 계속해서 늘어나는 거지? 정말 자기가 사랑하던 강아지가 싫증이 나서일까? 혹시 병원비가 비싸서 감당할 수 없어서일까?'

궁금해진 저는 한국과 다른 선진국의 자료를 찾아 조사해보았습니다. 그리고 충격적인 사실을 알게 되었습니다. 12퍼센트! 바로 우리나라에서 반려견이 한 가정에서 평생을 살다가 무지개다리를 건널 확률이었습니다. 나머지 88퍼센트는 여러 집을 전전하거나 길거리에 버려지고 안락사당하고 있었습니다. 저는 그 이유를 찾아보기 시작했습니다. 그랬더니 여러 나라에서 공통적으로 꼽히는 원인이 있었습니다. 바로 반려견의 행동 문제였습니다. 반려견 행동 문제가 반려견을 많이 키우는 나라에서 강아지를 유기하는 이유 가운데 50퍼센트를 차지하고 있었던 것입니다. 아마도 강아지를 유기한 사람들이 행동 문제라고 말하기 꺼려서 다른 핑계를 대는 것까지 고려하면 그 수치는 약

60퍼센트에 육박할 것으로 추정됩니다.

'아픈 아이들한테 약 주고 수술해서 살리는 것만 의미 있는 게 아니잖아? 보호자에게 버려져서 안락사당하지 않게 하는 것도 강아지들에게 도움이 되는 일 아닐까?'

이런 생각이 들자 저는 본격적으로 그와 관련한 공부를 시작했습니다. 당시 저는 강아지 버블이를 키우고 있었습니다. 버블이는 혼자 있으면 불안해하는 분리불안 증상이 상당히 심했습니다. 혼자만 두고 밖에 가면 집 안에서 구슬프게 울고 문을 계속해서 긁었습니다. 버블이가 힘들어하는 모습을 보며 그동안 나름대로 공부한 내용(그래 봤자 학교에서는 행동학을 배우지 않았기 때문에 텔레비전과 인터넷 그리고 몇몇 책을 통해서 배운 내용입니다)을 적용해봤지만 주로 체벌 위주의 교육이어서 그랬는지 몰라도 오히려 저를 멀리하는 것 같았습니다.

그래도 강아지에 관해 누구보다 잘 알고 있다고 생각했건만 이론과 실제는 다르다는 사실을 실감했습니다. 그때가 제 인생에서 정신적으로 가장 힘들었던 시기 가운데 하나였습니다. 하지만 무엇보다 분리불안 때문에 힘든 건 보호자인 제가 아니라 혼자 있는 상황이 죽기만큼 싫은 강아지 버블이였을 테죠. 버블이를 위해 힘을 내자고 다짐하고 다시 새로운 해결책을 찾아보기 시작했습니다. 그러다 미국에는 사람을 진료하는 정신과 전문의처럼 동물행동학을 전문으로 하는 수의사가 있다는 사실을 알게 되었습니다.

저는 무작정 그 수의사들을 찾아가 동물행동학을 배우고 그들이 실제로 어떤 식으로 문제에 접근하는지 곁에서 보고 경험했습니다. 공부를 하면서 여러 스승 가운데 한 분의 추천으로 트레이너 자격도 취득했습니다.

그렇게 새로운 정보에 눈뜨니 이제까지 몰랐던 사실을 알게 되었습니다. 특히 많은 문제가 '오직 사람만 행복한 애완견이 훨씬 많은 환경'에서 발생한다는 걸 깨달았습니다. 대부분의 사람들이 자기 강아지에게 행복한 환경을 만들어주고 있다고 생각하고, 저 역시 그랬지만, 대개는 그게 혼자만의 착각에 지나지 않았던 겁니다.

사실 처음 EBS 〈세상에 나쁜 개는 없다〉 출연 섭외를 받았을 때 고민이 많았습니다. 이건 누가 봐도 히딩크 감독 후임으로 새 국가대표팀 감독을 맡는 상황과 똑같다고 생각했습니다. 하지만 여러 날 고심한 끝에 결국 출연하겠다는 결정을 내렸습니다. 아직까지 제가 할 수 있는 다른 얘기들이 있을 것 같았고, 보호자들에게 조금 더 실질적인 정보를 줄 수 있을 거라는 기대를 품었기 때문입니다. 실제로 어떤 심각한 문제는 정신과 약물 복용이나 복잡한 치료 과정을 통해 해결해야 하지만, 대부분의 문제는 생각보다 간단히 해결할 수 있습니다. 개라는 동물이 어떤 감정을 가지고 있고, 어떤 언어를 사용하며, 어떻게 사회생활을 하는지만 이해해도 많은 문제 상황을 쉽게 해결할 수 있는 것이죠.

방송을 하면서 늘 유용한 정보를 드리려고 노력하지만, 보는 사람에 따라서는 별달리 재미가 없다고 느낄지도 모르겠습니다. 저는 말하는 재주도 부족하고, 원체 화려하거나 신비한 분위기와는 거리가 머니까요. 저 스스로도 부족한 점을 잘 알고 있습니다.

하지만 저는 스스로 '내가 잘하고 있는 걸까?' 하는 의문이 들 때마다 제 스승님들께서 늘 강조하신 말씀을 떠올립니다. 바로 '애니멀 커뮤니케이터'가 되지 말라는 것입니다. 그건 우리가 강아지의 뇌에 직접 들어갈 수는 없으니 마치 강아지의 심리를 다 아는 것처럼 얘기하지 말고 실제 증상과 솔루션에 초점을 맞추라는 당부였습니다.

어렸을 적 아버지가 좋아해서 따라 부르던 노래 가사가 퍼뜩 생각났습니다. '네가 나를 모르는데 난들 너를 알겠느냐.' 그렇습니다. 저는 강아지 마음속에 일어나는 모든 걸 알아서 대신 말해주는 애니멀 커뮤니케이터가 아닙니다. 어떤 상황에 어떤 솔루션을 적용하는 게 좋은지 알려주고, 어떻게 하면 강아지와 사람이 함께 행복해질 수 있는지 고민하는 한 사람의 수의사일 뿐입니다. 이 책에 담은 모든 내용도 그 부분에 더욱 초점을 맞추었습니다. 그런 의미에서 비록 이 책이 모든 요리에 마법처럼 적용할 수 있는 만능 레시피는 아니지만, 강아지를 사랑하고 강아지와 함께 행복한 삶을 누리고 싶은 독자 여러분에게 여러모로 유용한 가이드가 될 거라고 자신합니다.

우리나라 반려견 문화는 빠른 속도로 발전하고 있습니다. 하지만 그게 옳은 방향으로 가고 있는지는 다시 한 번 생각해보아야 할 문제입니다. 제대로 된 변화는 바로 우리 반려인의 인식 전환에서 시작합니다. 지금 바로 당신의 변화가 필요한 이유입니다. 이 책이 그 변화에 좋은 출발점이 되어줄 것입니다.

2019년 봄,

설채현

PART 1

개는 '장난감'이 아니다

언제부터 그곳에 갇혀 있었니?

"똑똑 두드리지 마세요. 눈으로만 보세요."

채 눈도 뜨지 못한 어린 강아지들이 작은 입을 벌려 하품을 합니다. 그 모습을 구경하기 위해 초등학생 몇 명이 펫숍 앞에 옹기종기 모여 있습니다. 아이들의 시선이 닿는 곳에는 '두드리지 말고 눈으로만 보세요'라는 문구가 붙어 있습니다. 아이들이 호기심에 창문을 두드려 자고 있던 강아지가 깨거나 놀랄까 봐 걱정한 펫숍 사장님이 붙여놓은 것입니다.

고백하자면 저 역시 그 공간을 무척 좋아했습니다. 초등학생 시절 학교가 끝나면 펫숍을 무시로 드나들었습니다. 너무 자주 들락거려서 펫숍 사장님이 저만 보면 짜증을 낼 정도였죠.

하지만 지금은 일부러 펫숍 근처에도 가지 않으려 합니다. 먼발치에서 어른거리기만 해도 반드시 멀리 피해 돌아갑니다. 유리창 안쪽에 놓여 있는 강아지를 보면 안타까움에 차마 발걸음이 떨어지지 않기 때문입니다. 언젠가는 진열장 앞에 서서 "너는 몇 살이니? 그 좁은 곳에 언제부터 갇혀 있었던 거니? 만약 다 클 때까지 보호자가 나타나지 않는다면 너는 어디로 가게 되는 걸까……. 꼭 좋은 보호자를 만나면 좋겠다"라고, 기도 아닌 기도를 한 적도 있습니다.

군복무를 할 때의 일입니다(수의사는 각 지방자치단체에 파견돼 3년 동안 공중방역 수의사로 근무합니다). 한번은 선배 수의사와 함께 출장을 갔는데 멀리 보이는 비닐하우스 근처에서 심한 악취가 풍겨왔습니다. 가까이 가보니 비닐하우스 주변으로 흔히 말하는 '뜬장'이 널려 있었습니다. 뜬장은 지면에서 떨어져 있는 철장을 일컫는 말입니다. 일반적으로 그 안에서 사육하는 동물의 배설물을 쉽게 처리하려고 밑면에 구멍을 뚫어놓죠.

그곳에서는 척 보기에도 매우 작은 뜬장 안에 강아지가 각각 두 마리씩 들어 있었습니다. 오랫동안 씻기지 않았는지 오물이 덕지덕지 묻어 있어서 도무지 어떤 종인지 분간할 수 없을 정도였습니다. 선배가 제게 말했습니다.

"여기가 바로 강아지 번식장이야."

저는 그 말에 정말 경악을 금치 못했습니다. 저뿐만 아니라 그 어떤 사람이라도 현장을 봤다면 아마 똑같은 감정을 느꼈을 겁니다. 그렇습니다. 이런 환경에서 태어난 강아지들 일부가 이른바 경매장을 거쳐 펫숍으로 갑니다.

당시만 해도 저는 그 강아지들이 불쌍하다고만 생각했지 무엇이 문제인지 다 파악하지는 못했습니다. 우리는 무언가 가슴을 울리는 사건을 접하면 슬픔에 잠기거나 분노하곤 합니다. 그러나 윤리적으로 '뭔가 잘못됐다'고 여기고 감정적으로 애도하는 것만으로는 부족합니다. 목소리를 높이고 해결책을 고민해서 방법을 찾아야 합니다. 반려견을 키우려는 사람들이 가장 쉽고 편하게 강아지를 구할 수 있는 장소만 선택하려고 하는 한, 이런 문제는 영원히 해결되지 않기 때문입니다.

정말 비싼 돈 주고 분양받았는데……

"선생님, 지난주에 분양받아 왔는데, 이게 대체 어떻게 된 일이죠?"

병원에서 일하다 보니 의외로 분양 사기를 당했다는 하소연을 많이 접하게 됩니다. 때론 막 분양받을 때는 지나치게 활발해서 걱정이 될 정도였는데 나중에 보니 이미 손쓰기가 어려운 상태라는 믿기 어려운 진단을 받는 경우도 있습니다. 실제로 중국에서는 아픈 줄 모르고 데려왔다가 분양받은 지 거의 일주일 만에 죽는 강아지가 많아 '위클리 독weekly dog'이라는 신조어도 만들어졌다고 합니다. 비위생적인 불법 번식장에서 태어난 강아지를 비양심적으로 판매하는 일부 업자들의 잘못입니다. 하지만 근본적으로는 강아지를 생명이 아닌 상품으로 대하는 우리의 인식이 문제가 아닌가 싶습니다.

강아지를 분양받으려는 사람들이 가장 먼저 떠올리는 곳이 어디일까요? 길거리나 마트에서 눈에 가장 잘 보이는 곳에 자리 잡고 있는 펫숍입니다. 펫숍에 가면 우리가 원하는 작고 귀여운 강아지들이 가득합니다. 아직 눈도 못 뜬 강아지들은 3개월, 6개월, 심지어 12개월 할부라는 조건으로 새 주인을 찾아갑니다. 카드를 긁고 당당히 강아지를 구매하는 대부분의 사람들은 자신이 잘못된 일에 스스로 동참하고 있다는 걸 인식하지 못합니다.

그럴 수밖에 없습니다. 오늘날은 자본주의시대이고, 무엇이든 상품이 되어 쇼윈도에 진열된 채 우리의 소비 욕구를 불러일으키니까요. 돈을 내고 뭔가를 구매하는 것은 이 시대의 미덕이자 당연한 권리인 것만 같습니다.

하지만 생각해봅시다. 왜 펫숍에서 강아지를 분양받는 걸 추천하지 않을까요? 그게 무슨 문제라도 있는 걸까요? 사실 우리 생각보다 문제는 많습니다.

첫째, 엄마 개의 스트레스가 문제입니다. 누구나 임신을 하면 태교에 신경을 씁니다. 이때 주의하는 것 중 하나가 스트레스입니다. 사람이 스트레스를 받으면 스트레스 호르몬이 생성

되며 이것이 태반을 통해 아이에게 전달되기 때문입니다. 달리 말하면 엄마가 받은 스트레스가 배 속 자식에게 그대로 전달된다는 뜻입니다. 강아지도 마찬가지입니다. 엄마 개의 배 속에서 스트레스 호르몬에 노출된 강아지는 태어날 때부터 매우 예민하고 자주 불안을 느낄 확률이 높습니다.

제가 본 대규모 불법 번식장에 있던 개들은 일상생활 자체가 스트레스일 수밖에 없었습니다. 그런 엄마 개한테서 태어난 강아지가 온전할 수 있을까요? 아마도 성장 후 문제 행동을 되풀이해서 불행한 반려 생활을 하거나 결국 보호자에게 버림받을 확률이 높겠죠.

둘째, 엄마 개와의 때 이른 분리가 문제입니다. 우리나라에서는 2개월령 미만의 강아지를 판매하는 행위가 불법입니다. 하지만 진료를 하다 보면 이 규정이 잘 지켜지지 않는다는 사실을 쉽게 파악할 수 있습니다.

강아지 나이를 파악하는 가장 좋은 방법은 치아를 확인하는 것입니다. 그런데 진료 과정에서 제가 아는 의학적 치아 성장 속도보다 훨씬 성장이 느린 강아지를 지나치게 많이 접하게 됩니다. 이런 문제가 발생하는 주요 원인 가운데 하나는 작은 강아지를 선호하는 보호자들의 성향입니다. 심지어 어떤 보호자는 "이 아이, 티컵 강아지예요. 정말 비싼 돈 주고 분양받았어

" 엄마가 보고싶어요…"

요"라고 말하며 씩 웃습니다. 사정을 잘 모르는 사람들에게 직접적으로 안 좋은 말을 하지는 못하지만, 저도 모르게 표정이 일그러지는 건 어쩔 수 없습니다. 특별히 화가 나서라기보다는 보호자와 그 강아지가 불쌍해서입니다. 사실 티컵 강아지라는 건 세상에 없습니다. 그건 단지 인간의 욕망이 만들어낸 기형적인 결과물일 뿐입니다.

과연 이렇게 만들어진 강아지들이 좋은 보호자를 만나면 행복한 삶을 살게 될까요? 안타깝게도 그럴 가능성은 낮습니다. 엄마 개가 심각한 스트레스를 받은 상태에서 태어났고, 태어나자마자 엄마와 일찍 떨어져야 했으며, 일부는 충분한 영양 섭취도 하지 못하고 자라납니다. 이런 각종 유전적, 환경적 요소가 강아지들의 이후 삶을 고통스럽게 만듭니다. 슬개골 탈구, 뇌수두증 등의 위험에도 쉽게 노출되고, 이로 인해 보호자들 또한 막대한 병원비를 감당해야 합니다.

사람들이 흔히 간과하는 문제는 강아지의 삶에서 생후 3~8주가 '1차 사회화 시기'로 개의 언어 및 생태를 습득하는 매우 중요한 기간이라는 점입니다. 이 기간에 강아지는 엄마 개와 함께 생활하며 정서적 안정을 찾고, 개들끼리 소통하는 법과 화장실 사용법 등 살아가면서 알아야 할 기본 방식을 익힙니다.

그런데 어떤 이유에서든 이 시기를 잘 보내지 못한 강아지는 나중에 다른 강아지와 잘 어울리지 못합니다. 개의 언어와 행동하는 방법을 잘 모르는 탓이죠. 이런 문제는 생각만큼 단순하지 않고 공격성 발현 등 각종 심각한 행동 문제로 이어질 수도 있습니다.

그럼 왜 우리에겐 동물을 생명이 아닌 상품으로 생각하는 문화가 여전히 팽배한 걸까요?

반려문화가 충분히 성숙되지 않은 탓도 있겠지만 가장 깊숙한 곳에는 법적 문제가 있다고 생각합니다. 우리나라 법체계에서 동물은 물건으로 취급됩니다. 동물을 죽게 하거나 다치게 하면 형법 제366조의 재물손괴죄로 처벌받죠. 대부분의 사람은 이 이야기를 들으면 "동물은 물건이 아니잖아"라고 생각할 겁니다. 하지만 현실은 그렇습니다. 이런 비정상적인 법체계가 우리의 문화와 인식에도 영향을 미치는 것입니다.

저는 법이 동물을 물건으로 취급하기 때문에 발생한 가슴 아픈 사건을 가까이에서 지켜본 일이 있습니다. 제가 전문가로서 출연하는 TV 프로그램을 통해 만난 '쩔미'라는 친구에게 벌어진 일입니다.

쩔미는 보호자와 함께 산책을 가려고 차를 타고 이동하다 중앙선을 침범한 음주운전 차량과 부딪히는 사고를 당했습니다. 보호자는 생명이 위태로울 정도로 크게 다쳤고, 쩔미도 척

추골절로 하반신이 마비되고 말았습니다. 불행 중 다행으로 빠른 응급처치와 수술을 받은 덕분에 지금은 건강이 많이 좋아졌지만, 사고 수습 과정은 험난했습니다.

사람이 교통사고를 당하면 가해자가 가입한 자동차보험의 '대인보험'으로 치료비를 보상받을 수 있는 것, 알고 계시죠? 하지만 쩔미는 법적으로 물건이기 때문에 '대물보험' 대상이 되었습니다. 이때 보상액은 '분양가'를 기준으로 최대 1.2배까지만 산정됩니다. 실제 치료비가 얼마나 나왔는지는 고려 대상이 아닙니다. '물건'이니까요. 심지어 쩔미는 유기견이어서 애초에 분양가조차 없습니다. 결국 막대한 치료비는 고스란히 보호자 몫이 되고 말았습니다. 보호자와 쩔미는 잘못한 게 하나도 없는데 말이죠.

선진국처럼 동물을 물건도 사람도 아닌, 제3의 존재로 여기는 법이 있다면 분명 다른 결과가 나왔을 겁니다. 그러나 이런 내용의 입법은 여러 산업적인 부분과 얽히고설켜 아직도 진행되지 못하고 있습니다. 우리의 인식 개선과 반려문화 발전도 중요하지만, 가장 근본적으로 필요한 건 비정상의 정상화 아닐까요? '동물은 물건이 아니다'라는 걸 분명히 밝혀주는 법이 만들어져야 비로소 인식과 문화가 달라질 것이라고 생각합니다.

그 강아지는 왜 자기 똥을 먹었을까?

얼마 전 아주 끔찍하고 슬픈 일이 있었습니다. 펫숍에서 3개월 된 강아지를 분양받은 보호자가 자기가 사 온 강아지가 똥을 먹는다는 이유로 환불을 요구했습니다. 펫숍 주인은 그런 사항은 환불 규정에 적용되지 않는다면서 거절했고요. 그러자 보호자는 홧김에 강아지를 집어 던져 사망에 이르게 했습니다. 보호자와 펫숍 주인의 행태에 대해서는 굳이 여기서 따로 말하지 않겠습니다. 제가 주목한 부분은 또 다른 문제입니다.

그 강아지는 왜 자기 똥을 먹었을까요?

사실 강아지가 자신의 똥을 먹는 행위, 즉 식분증은 이상한 현상은 아닙니다. 사람 눈에 혐오스럽고 이상하게 보일 뿐이지 생각보다 많은 개가 여러 가지 이유로 자기 똥을 먹습니다. 또 똥을 먹는 강아지에 대한 보호자의 반응도 천차만별입니다. 어떤 사람은 강아지 건강에만 문제가 없다면 괜찮다고 생각하고, 어떤 사람은 파양을 고려할 만큼 혐오스럽게 생각하기도 합니다.

미국 캘리포니아대학교의 벤저민 하트Benjamin L. Hart 박사가 2012년 미 수의학회에서 발표한 보고서는 매우 흥미로운 결과를 담고 있습니다. 연구 대상으로 삼은 개 가운데 16퍼센트가 심각한 식분증을 보였으며 24퍼센트는 적어도 한 번 이상 배설물을 먹은 것으로 관찰된 것입니다. 예상보다는 높은 수치였죠.

식분증의 원인은 다양합니다. 그중에서도 소화효소부전, 기생충 감염, 체벌 등이 식분증을 불러일으키는 주요 원인입니다. 하지만 이런 문제가 없는데도 식분증을 보이는 강아지가 상당수 있습니다. 일부 펫숍에서 잘못된 보호를 받은 경우에도 이런 현상이 나타납니다.

어린 강아지는 정말이지 하루가 다르게 자라납니다. 그런데 간혹 일부 업주는 강아지가 빨리 크는 걸 탐탁하게 여기지 않기도 합니다. 강아지 몸집이 커지면 그만큼 소비자에게 팔릴 확률이 줄어드니까요. 그러면 어떻게 할까요? 바로 사료를 적게 주기 시작합니다(물론 모든 펫숍 주인이 그렇게 한다는 이야기는 아닙니다). 필요한 양보다 적은 사료를 먹은 강아지는 배가 고파져서 먹을 것을 갈구하게 됩니다. 그런데 아무리 울어도 먹을 것을 얻지 못하면 어쩔 수 없이 제 앞에 보이는 유일한 먹을거리인 분변을 먹게 되죠. 이것이 습관으로 자리 잡으면 나중에 식분증을 보일 가능성이 높습니다.

여기에 더해 보호자들 문제도 있습니다. 많은 분들이 밥을 적게 주면 작게 큰다고 생각합니다. 강아지가 작을수록 키우기 쉽다고 생각하는 건지(저는 애초에 이런 생각을 가진 사람은 반려견을 키우지 않았으면 좋겠습니다) 성장에 필요한 적정량을 고려하지 않고 턱없이 적은 양의 사료만 주는 경우가 많습니다. 만약 사람 아이라면 절대로 그렇게 키우지 않을 것이면서 말이죠! 분명히 말씀드립니다. 사료를 적게 준다고 강아지가 덜 자라지 않습니다. 오히려 허약해지고, 배고픔이라는 스트레스에 시달리다가 식분증이라는 문제 행동을 보일 가능성만 커지는 것입니다.

강아지들은 엄마 개의 배변 행동을 보고 배웁니다. 엄마 개는 강아지가 잘못된 공간에 일을 보면 코로 밀어내는 등의 행동을 하며 자연스럽게 화장실 사용법을 가르칩니다. 많은 연구 결과에 따르면 강아지들은 생후 8.5주까지 자기 발바닥에 느껴지는 화장실의 촉감, 즉 어린 시절 엄마한테 배운 감각을 냄새와 더불어 화장실 결정의 제1 요소로 삼는다고 합니다. 그래서 엄마 개와 함께하며 2개월 정도까지 건강하게 자란 강아지를 입양할 경우, 이전의 가정환경과 똑같은 상태로 화장실을 만들어주면 어렵지 않게 배변 교육이 이루어집니다. 그리고 우리는 그런 강아지를 '화장실 천재'라고 부릅니다.

그런데 엄마 개와 일찍 떨어진 강아지들은 화장실 사용법에 대해 잘 알래야 알 수가 없습니다. 게다가 어릴 때부터 아주 조그만 진열장에서 생활공간의 절반 이상을 차지하는 배변판 또는 배변패드와 더불어 살기 때문에 화장실에 대한 인식 자체가 비뚤어지기 쉽습니다. 이런 강아지들은 나중에 좋은 보호자 가족을 만난다 해도 배변 교육에 훨씬 많은 시간과 노력을 기울여야 합니다.

또 다른 문제는 유전입니다. 반려 문화 선진국과 우리나라의 의식 있는 브리더(전문적인 개 사육업자)들은 특정 모견과 부견으로부터 태어난 강아지의 유전적 특성이 반려견으로 적합하지 않으면 더 이상 번식시키지 않습니다. 하지만 오직 돈이 목적인 불법 번식장에서는 그런 문제를 따질 여유도 의지도 없습니다. 요즘 일부 견종이 과거보다 더욱 공격적인 문제 행동을 보이는 경우가 많아지고 있는데, 전문가들은 이들 중 다수가 불법 번식장에서 태어났을 것이라고 추측합니다.

그렇다면 식분증은 어떻게 해결해야 할까요? 가장 먼저 확인해야 할 것은 충분한 영양섭취가 되고 있는지 여부입니다. 보호자가 강아지의 식분증 때문에 상담을 받으러 찾아올 때 제가 가장 먼저 확인하는 것은 외형입니다. 지나치게 마른 강아지는 올바른 사료 또는 음식 섭취가 이루어지지 않는 경우가 많습니다. 사람도 마찬가지겠지만 배가 고플 땐 무언가를 가릴 처지가 아닙니다. 원효대사 해골 물 이야기처럼, 그런 강아지에게는 똥도 맛있게 느껴지는 것이지요. 이럴 땐 강아지가 좋아하는 음식을 충분히 급여하는 것만으로도 식분증을 쉽게 해결할 수 있습니다.

두 번째는 강아지가 혹시 아픈 곳이 없는지 확인하는 것입니다. 췌장 기능이 떨어져 소화가 잘되지 않을 경우 분변에 소화되지 않은 상태의 음식물이 나올 수 있습니다. 이렇게 되면 똥은 맛있는 음식과 다름없습니다. 소화가 어려워 영양섭취가 안 되는 상황이라면 자연스럽게 분변을 먹게 되는 거지요. 쿠싱 증후군(부신피질 기능항진증)도 식분증을 유발합니다. 쿠싱 증후군은 조그마한 땅콩처럼 생긴 부신에서 스테로이드호르몬을 과다 분비하는 질병입니다. 스테로이드제를 복용해본 사람이라면 알겠지만, 식욕이 엄청나게 늘어나죠. 식사량이 부족하게 느껴지니 식분도 불사하게 됩니다. 또 당뇨도 식분증을 유발할 수 있습니다.

만약 질병으로 인한 식분증이 아니라면 어린 강아지의 경우 영양섭취만 좋아져도 자연스럽게 없어질 가능성이 50퍼센트입니다. 하지만 교육적으로 식분증을 고치기란 쉽진 않습니다. 전문가들은 강아지가 분변을 먹을 때 혼을 내면 강아지들 입장에서는 그게 분변 때문이라고 생각해서 오히려 분변을 없애려고 더 열심히 먹어치우는 경우도 있다고 추측합니다.

사실 미국에서도 식분증을 보이는 반려견이 있지만 우리나라만큼 심각한 문제가 아닐 때가 많습니다. 왜일까요? 바로 화장실 습관의 차이 때문입니다. 미국에서는 화장실 교육을 집 안에서 하는 게 아닙니다. 최소 하루 2번 이상 산책을 하면서 밖에서 볼일을 보도록 가르칩니다. 분변을 먹고 싶은 욕구가 있더라도 산책할 때 일을 보니까 보호자가 바로 제지할 수 있죠. 따라서 하루 2번 이상 주기적으로 산책해서 야외 배변을 할 수 있도록 유도하는 것도 하나의 방법입니다. 또 보호자가 반려견과 같이 있을 때 배변하는 것을 확인한다면 그 즉시(이 타이밍이 가장 중요합니다!) 일정한 장소(크레이트 또는 방석)에 맛있는 간식을 여러 개 뿌려주는 것도 좋습니다. 이것이 반복되어 습관이 된다면 강아지가 분변에 관심을 두지 않습니다. 당연히 똥보다는 간식이 맛있으니까요.

마지막으로 약물치료를 하는 방법이 있습니다. 하지만 식분증에 대해서는 비교적 효과적이지 않을 수 있습니다. 강박적으로 분변을 먹는 강아지에게만 효과가 있으므로 다른 원인과 방법을 모두 확인한 뒤에 마지막으로 시도해보는 편이 좋습니다.

진짜 가족이라면
버릴 수 있을까?

"제발 안락사해주세요."

무더위가 기승을 부리던 어느 여름날이었습니다. 진료실로 찾아온 보호자는 의자에 앉기도 전에 다짜고짜 개를 안락사해 달라고 요구했습니다. 그러면서 신발주머니같이 생긴 주머니에서 작고 어린 몰티즈를 꺼내 들었습니다. 태어난 지 4~5개월쯤 되었을까요? 흰색 털이 무색할 정도로 꼬질꼬질한 아이는 주머니에서 나오자마자 정신없이 진료실 안을 뛰어다니기 시작했습니다. 그러다 제게 달려와서 만져주니 제 손을 신나게 깨물어댔습니다. 그걸 본 보호자가 "이것 보세요. 집에서도 이렇게 미친 듯이 뛰어다니고 제 손을 마구 물어요. 더는 못 키울

거 같으니 제발 안락사해주세요"라고 당당하게 말했습니다. 보호자의 태도에 참을 수 없이 화가 났지만, 어쨌든 이 몰티즈는 정상이니 보호자 스스로 반려견과 생활하는 방식을 다시 고민해보라고 조언해줬습니다. 보호자는 "죄송합니다" 하고 형식적으로 인사한 뒤 다행히 주머니가 아닌 가슴에 아이를 안고 병원을 나갔습니다.

이 글을 쓰고 있는 지금, 잊고 있었던 그 몰티즈가 생각납니다. 그 조그맣고 발랄했던 아이는 잘살고 있을까요? 혹시 버려져서 길거리를 떠돌고 있는 건 아닐까요?

여름은 반려견들에게 참으로 잔인한 계절입니다. 반려견들이 가장 많이 버려지기 때문입니다. 거기다 이른바 '복날'도 세 차례나 있죠. 그래서인지 여름 휴가철만 되면 유기견 보호소에 더 이상 빈자리가 없을 정도입니다. 유기견이 계속해서 증가하는 근본적인 이유는 뭘까요? 여러 가지 원인이 있겠지만, 우선 반려견을 키우기 전 전혀 준비를 하지 않는 것을 문제로 꼽을 수 있습니다. 반려견 입양도 새롭게 가족을 만드는 일과 같습니다. 정말 많은 고민이 필요한 문제죠. 그래서 저는 강아지 입양을 원하는 사람들에게 최소 3~6개월은 고민하고 준비하라고 말합니다.

반려견을 키우기 전에 우리가 먼저 생각해야 할 것은 무엇일까요? 첫째 '왜 반려견을 키우려 하는가?'입니다. 우리는 어째서 반려견을 키우려는 걸까요? 외로워서? 심심해서? 귀여워서? 여러 가지 이유가 있겠지만 근본을 따져보면 결국 답은 하나, 자신이 '행복'하기 위해서입니다. 하지만 이때 반려견의 행복은요? 반려견의 행복은 고려하지 않아도 될까요? 자기 행복만 챙기고 반려견의 행복을 신경 쓰지 않는다면 그건 어쩌면 '납치'와 다를 바 없지 않을까요?

둘째, '내가 반려견을 키울 자격이 있는가?'를 생각해야 합니다. 먼저 자기 가족관계를 찬찬히 따져볼 필요가 있습니다. 지금 혼자 살고 있거나 가까운 시일에 결혼과 출산 등으로 가족관계가 바뀔 가능성이 있는 경우라면 좀 더 신중하게 생각해야 합니다. 또 집에 학령 전 아동이 있는 경우라면 더욱 책임감 있게 판단해야 합니다. 이 시기의 어린아이들은 에너지가 많고 호기심에 가득 차 있는 반면 아직 동정심, 공정함, 친절함 등의 감정에 대해서는 이해도가 떨어지기 때문이죠.

여러 고려 사항 가운데 경제적 문제도 중요한 요소입니다. 반려견에게 적어도 매월 10만~20만 원은 투자할 여유가 있어야 합니다. 만약 아프기라도 하면 병원비로 들어가는 돈도 만만치 않습니다. 순간적인 호기심에 이끌려 입양을 결정했다가 의외로 돈이 많이 들어 유기하는 사례도 있습니다.

이제 마지막으로 가장 중요한 말씀을 드리고자 합니다. 몇 년 전 많은 분이 알고 계신 이연복 셰프님과 이야기를 나눈 적이 있습니다. 이연복 셰프님은 유기견이던 진돗개 생일이를 키우고 계신데 저에게 이런 말씀을 해주셨습니다.

"나는 약속이 생길 것 같으면 두 가지 중 하나를 선택해. 약속을 끝내고 생일이와 산책할 것인지, 약속을 잡지 않고 생일이를 산책시킬 것인지."

셰프님에게 생일이는 아주 중요한 존재인 겁니다. 이날 이후 저는 반려견을 키우려면 적어도 그 아이가 내 인생의 3순위 안에는 들어야 된다는 생각을 하게 되었습니다. 내가 하고 싶은 것, 사고 싶은 것을 조금 참더라도 내 가족을 행복하게 해주겠다는 생각! 그 마음이 있다면 강아지를 키워도 됩니다.

이런 고민을 거쳐 입양을 결심했다면 이제 어떤 반려견을 어떻게 가족으로 맞이할지 생각할 차례입니다. 어린 강아지를 분양받을 땐 어떤 요소를 고려해야 할까요? 우선 가장 중요한 것은 2개월까지 엄마랑 함께 지낸 강아지입니다. 가능한 한 함께 지내는 모습을 눈으로 확인할 수 있으면 좋습니다. 또한 입양의 가장 적절한 시기는 더도 말고 덜도 말고 딱 2개월입니다. 이때(2~3개월)가 개의 삶에서 가장 중요한 사회화 시기라서 새로운 가족들이 해줄 것이 많기 때문입니다.

또 하나 중요한 점이 있습니다. 사람들이 흔히 하는 실수는 자신의 라이프 스타일과 상관없이 오직 특정 견종의 외모에 이끌려 입양하는 것입니다. 하지만 견종을 결정할 때 외모는 가장 뒤로 미뤄야 할 조건입니다. 외모는 서로의 행복에 아무런 도움이 되지 않습니다. 만약 외모만 보고 자신 혹은 가족의 라이프 스타일과 맞지 않는 반려견을 입양하면 불행한 파국을 맞이할 수도 있습니다.

예전에 제가 버블이를 분양받을 때가 생각납니다. 당시 여자친구였던 지금의 아내는 강아지를 한 번도 키워보지 않은 예비 보호자였습니다. 아내는 그때 폭스테리어 종에 꽂혀 있었습니다. 우연히 동네에서 예쁘고 착한 폭스테리어를 보고 한눈에 반해버린 거였죠. 하지만 저는 폭스테리어가 테리어 종이라 활동적이며 그 에너지를 다 풀어주지 않으면 스트레스를 받는다는 사실을 알고 있었습니다. 반면에 아내와 저는 활동적인 편이 아니었고요. 그래서 설득 작업에 들어갔습니다. 운명처럼 폭스테리어에 꽂혀 있던 아내와 입양 후의 과정이 훤히 예상되는 저 사이에 밀고 당기는 조율 과정이 3개월 넘게 걸렸습니다. 그리고 결국 우리의 성향과 잘 맞는 비숑 프리제 종을 알아보기로 합의했습니다. 실제로 엄마와 같이 살고 있는 모습을 확인할 수 있고 태어난 지 2개월이 넘은 시점에 데리고 올 수 있는 가

"댕댕아, 어쩌면 우리 만남은 운명이었나 봐."

"음, 그건 당신 생각이고…^^"

정분양을 알아봤습니다(14년 전에는 가정분양이 불법이 아니었지만, 현재는 허가받지 않은 곳에서 하는 가정분양은 불법입니다). 사람과 비슷하게 평균적으로 여자아이들이 조금 더 차분하다는 생각에 미리 여자아이를 보러 가겠다고 말했죠.

하지만 모두들 잘 알 겁니다. 강아지들의 눈빛에 빠져들면 "그냥 한번 보러 갈게요"라는 말은 아무 의미가 없다는 것을요. 약속한 집에 들어간 순간 우리가 미리 점찍어둔 여자아이가 가장 먼저 뛰어나왔습니다. 그런데 생각보다 너무 활발했습니다. 반면에 같이 있던 남자아이는 차분하게 저희를 지켜보고 사뿐사뿐 걸어오더니 제 무릎으로 올라와 턱을 기댔습니다. 결국 그날 원래 데려오기로 한 여자아이가 아닌 남자아이를 가족으로 맞이하게 되었습니다. 활발한 성격이 나쁘다는 뜻이 아닙니다. 단지 주 보호자의 생활 리듬과 맞지 않을 위험성을 줄이는 게 중요하다는 말이죠.

어쩌면 굳이 이것저것 따지지 않아도 인연은 운명처럼 결정되어 있는지도 모르겠습니다. 사랑하는 부부 사이에서 태어나는 아이가 그렇듯, 우리 가정에 새로 들어오는 반려견 또한 그 자체로 사랑스러운 존재입니다. 물론 언제나 행복한 순간만 있길 바라는 것은 욕심입니다. 때로는 예상치 못한 문제가 돌출해서 우리를 괴롭히기도 하고, 질병이나 사고가 뜻하지 않은 슬픔을 안겨줄 수도 있습니다. 하지만 미리 준비한다면 적어도 급작스러운 변덕에서 오는 시행착오는 줄일 수 있습니다. 그것만으로도 '자신에게 가장 예쁘고 사랑스러운 반려견'을 맞이할 최소한의 준비는 갖춘 셈입니다.

지금 버블이는 우리 가족의 생활 스타일과 딱 맞게 잘살고 있습니다. 매일매일 버블이는 행복할까, 무엇을 더 해줘야 좋을까 고민하고 걱정하지만 그래도 제가 보기에 버블이는 우리 가족과 함께 행복하게 지내는 것 같습니다. 혹시라도 버블이가 '그건 당신 생각이고'라면서 씩 웃지만 않았으면 좋겠습니다.

강아지 입양 후 사회화를 위해 이것만은 꼭!

앞에서도 말했지만 강아지는 사회화 시기인 2~3개월(길게 잡아 5개월)이 지나면 그전에 긍정적으로 경험하지 못한 것에 대해서는 기본적인 두려움을 품게 됩니다. 또 이 시기에 어떤 자극에 대한 감정과 반응의 정도가 결정됩니다. 그래서 이 시기에 아주 많은 경험을 긍정적으로 해야 합니다. 여기서 중요한 것은 '긍정적인 경험'입니다. 중립적인 경험은 큰 효과를 보지 못할 수 있습니다. 긍정적인 경험을 많이 해주는 것 이외에 부정적인 경험을 피하는 것도 중요합니다. 사회화 시기의 부정적인 경험은 평생 트라우마로 남을 수 있으니까요.

사람 만나기

조금 과장하면 3달 동안 100명의 사람을 만나라고 권해드립니다. 만나는 사람마다 강아지가 좋아하는 사료나 간식을 주어서 좋은 인식을 심어주는 게 좋습니다. 강아지는 어린아이를 싫어하는 경우가 많으므로 특히 어린아이와 좋은 경험을 할 수 있게 도와주면 좋습니다.

강아지 만나기

갑자기 많은 수의 다른 강아지를 한꺼번에 만나는 것보다 친한 친구 한 마리부터 시작하거나 트레이너가 교육을 진행하는 퍼피클래스에 참석하면 좋습니다.

소리 교육하기

우렛소리, 오토바이 소리 등 나중에 불안 또는 공격성을 보일 수 있는 소리에 대해 교육하는 것이 좋습니다. 따로 교육할 시간이 없다면 강아지가 밥을 먹을 때마다 여러 가지 소리(유튜브에서 'dog socializing sound' 검색)를 들려주고 밥을 다 먹으면 꺼주는 것도 좋습니다. 주의할 점은 소리를 처음부터 크게 틀지 말고 가장 낮은 음량부터 시작해 차근차근 음량을 올리는 것입니다. 혹시라도 중간에 강아지가 불안해 보이면 다시 음량을 낮춰주세요.

산책하기

간혹 전염병에 걸릴 위험 때문에 어린 나이의 강아지를 산책시키길 꺼리는 보호자가 있습니다. 하지만 생명에 위협을 주는 전염병의 경우 대부분 분변 또는 타액을 통해 전염되므로, 3차 접종까지는 안고 외출해서 바깥 환경을 경험하게 하고, 3차 접종 이후 수의사 선생님과 상의한 뒤 산책을 시작하면 좋습니다. 첫 산책 시에는 대부분의 강아지가 불안해서 움직이지 않으려 합니다. 절대로 억지로 산책시키지 말고 강아지의 속도에 맞춰 따라다녀주세요. 혹시 기다려줘도 무서워서 움직이지 못한다면 사료나 간식을 이용해 따라오게 하고, 그래도 움직이지 않는다면 그날은 산책을 멈춰주세요.

핸들링 익숙해지기

어렸을 때 사람 손을 많이 경험해보지 못한 강아지는 나중에 사람이 쓰다듬으려 하면 거부하거나 민감한 반응을 보이는 경우가 많습니다. 특히 강아지들은 발과 얼굴을 누군가 만지는 걸 싫어하는데 이런 부분에 익숙해지지 않으면 나중에 발톱을 깎거나 병원에서 진료를 받을 때 예민한 반응을 보입니다. 사회화 시기에 강아지의 여러 부위를 만진 뒤 칭찬하면서 사료 또는 간식을 주는 것을 반복해주면 좋습니다.

하네스 교육

당장 산책을 나가지 않더라도 어렸을 때부터 하네스에 적응시켜야 합니다. 소리 교육 때와 마찬가지로 식사시간 전에 하네스를 채운 뒤 밥을 주고, 밥을 다 먹으면 하네스를 풀어주세요.

벨 소리 교육

벨 소리에 관해 좋은 인식을 심어주면 성견이 돼서 초인종에 대해 부정적 감정을 나타낼 확률을 줄일 수 있습니다. 우선 크레이트 또는 매트를 거실에 두세요. 항상 보상할 사료나 간식을 준비해두고 초인종이 울릴 때마다 3~5개의 사료 또는 간식을 크레이트 또는 매트에 뿌려주세요.

차에 익숙해지기

사회화 시기에 차와 관련해 긍정적인 경험을 하게 해주면 좋습니다. 먼저 차를 주차한 상태에서 시동을 걸지 말고 차 안에서 강아지와 간식을 먹으면서 놉니다. 그다음으로 주차한 상태에서 시동을 걸고 차 안에서 강아지와 간식을 먹으면서 놉니다. 마지막으로 동네 한 바퀴를 5~10분 정도 드라이브하면서 차 안에서 강아지와 간식을 먹으면서 놉니다.

반려견을 키우는 데도 면허증이 필요하다

대학교 2학년 때쯤의 일입니다. 저는 대학교에서 '동람(동물을 사랑하는 사람들)'이라는 동아리에 가입해 활동하고 있었습니다. 동람은 유기견 및 지역주민과 반려동물 가족을 대상으로 1년에 한 번 애견한마당이라는 큰 행사를 열었습니다. 매년 150마리 이상의 반려견이 참가했는데, 게임 종목이 바뀔 때마다 행사 진행 요원들이 강아지의 번호를 부르며 찾아서 대기를 시켜야 했죠. 그때 부르던 호칭이 '몇 번 견주님'이었습니다.

'견주'는 '개의 주인'을 일컫습니다. 그런데 내가 개의 주인, 즉 소유자라고 생각하는 데서 많은 잘못이 일어납니다. 반려견이 싫다는 표현을 하거나 내 맘대로 따르지 않으면 주인은 내 소유물이 보이는 행동에 화가 납니다. 상대방의 상황과 마음을 이해하려 들기보다는 무조건 고치거나 혼내려고만 들죠.

우리는 반려견에게 무엇이 되어야 할까요? 주인이 아닌 보호자가 되어야 합니다. 개를 소유물로 보는 것이 아니라 내가 지키고 이해해줄 수 있는 보호자가 되어야 합니다. 사소한 단어 뜻 차이에 불과하지만 이것 하나로 마음가짐이 달라질 수 있습니다.

주인은 보통 소유물이 고장 나면 고치려 합니다. 자동차 같은 기계는 말할 것도 없고, 오래전 하인이나 노예 신분이 있었던 때는 체벌과 강압이라는 수단을 사용해 잘못을 고치려 했습니다. 견주도 자기 개가 잘못된 행동을 하면 먼저 고치려 듭니다. 거기에 더해 많은 사람이 자기 노력은 전혀 들이려 하지 않습니다. 학교라 불리는 훈련소에 보내거나 출장 훈련사를 불러 스위치를 온·오프하듯 뚝딱 고치길 바랍니다. 훈련소에 보내는 게 나쁘다는 말이 아닙니다. 스스로 뭔가 배우려는 마음가짐 없이 돈을 들여 쉽게 고치려는 자세가 문제입니다. 심지어 자동차를 고칠 때도 스스로 자동차에 관한 어느 정도의 지식이 필요한 법입니다. 더군다나 개는 생명체입니다. 환경에 영향을 많이 받을 수밖에 없죠. 아무리 좋은 트레이너가 교육한다고 하더라도 보호자가 배우지 않는다면 말짱 도루묵이 되는 경우가 많습니다.

우리나라는 개를 키우기까지 진입 장벽이 너무 낮습니다. 자동차를 운전하려면 시험을 치르고 면허를 받아야 하는데, 개는 마음만 먹으면 누구나 그냥 기를 수 있습니다. 이런 표현을 좋아하진 않지만, 개를 구입하는 데 드는 비용도 이웃 나라 일본의 10~20퍼센트 수준에 불과합니다.

일부 다른 나라에서는 좀 더 엄격한 기준을 요구합니다. 독일은 '훈데슐레'라는 교육기관에서 일정 기간 수업을 들어야만 반려견을 키울 수 있는 자격을 줍니다. 이 기간에 보호자는 개의 습성을 배우고, 기본적인 교육 방법에 관한 지도를 받습니다. 개와 더불어 살다 문제가 생길 때 필요한 마음가짐에 대해서도, 각종 돌발 상황에 좀 더 현명하게 대처하는 방법에 대해서도 알게 되죠.

반려동물 문화가 성숙한 나라에서는 사람들이 어릴 때부터 개와 더불어 성장합니다. 그러다 보니 개를 대하는 태도가 우리나라 사람과는 매우 다릅니다. 또 외국의 반려견 교육은 반려인뿐 아니라 비반려인을 대상으로 광범위하게 이뤄집니다. 저는 미국에 처음 갔을 때 바로 그 점을 깨닫고 깜짝 놀랐습니다. 미국 사람들은 개에게 호의적인 태도를 보일 때도 대부분 개에게

"자격증 있는 보호자 구합니다."

특별히 눈길을 주거나 일부러 가까이 다가서지 않습니다. 처음엔 사정을 잘 몰라 착각했습니다.

'내가 반려동물 문화 선진국에 대해 지나친 환상을 갖고 있었나 보군. 이 사람들은 오히려 우리나라 사람들보다 개한테 관심이 없잖아!'

알고 보니 그게 아니었습니다. 미국 사람들은 잘 알지 못하는 개에게 갑자기 다가서서 친한 척하는 행동이 도리어 개를 불안하게 만든다는 걸 잘 알고 있었던 거죠. 그래서 개가 불편을 느낄 행동을 하지 않고 자제하는 것입니다.

이런 이치는 조금만 생각해봐도 누구나 알 수 있는 일입니다. 길을 가다 마주친 아이가 예쁘다고 무작정 다가서서 눈을 맞추고 말 걸고 스킨십을 하면 어떻게 될까요? 아이가 예뻐서 한 행동이 아이를 당황하게 만들 수 있습니다. 그런 상황이 어색해 무서워하거나 울음을 터뜨릴지도 모르죠. 그런데 사람들은 유독 개와 관련해서는 이런 상식을 무시하곤 합니다.

"저도 강아지를 키워서 잘 알아요. 제가 좋은 마음으로 다가서면 괜찮을 거예요."

사실 이런 말은 자기 정당화일 뿐 당사자인 개에게는 아무 의미가 없습니다. 겁이 많고 불안한 감정을 쉽게 느끼는 개 처지에서 볼 때, 잘 알지도 못하는 사이인데도 무작정 미소를 짓고 가까이 다가오는 인간은 두려운 존재일 따름입니다.

반려견 문화 선진국에서 자라나는 아이들은 일찍부터 동물과 더불어 사는 법을 배웁니다. 기본적인 생명의 소중함부터 시작해, 개를 대할 때 주의할 점, 필요한 마음가짐 등도 교육 과정을 통해 자연스럽게 익힙니다.

바로 이런 마음이 올바른 반려 문화를 만드는 데 가장 기본이며 중요한 전제 조건입니다. 세상에 가치 없는 생명은 없습니다. 서로 다른 생명의 무게를 비교한다는 것은 우리의 권한을 한참이나 넘어서는 일입니다. 우리는 이 세계를 둘러싼 수많은 생명과 더 잘 지낼 방법을 고민하고 조화롭게 공존할 수 있는 환경을 만들어야 합니다. 우리가 생명을 생명으로 대하는 가치관에 기반을 두고 교육을 해나간다면, 반려견을 키우는 사람과 키우지 않는 사람이 서로 존중하고 상호 피해를 주지 않는 환경 또한 자연스럽게 만들어질 것입니다.

사지 말고 입양하세요

2018년, 제가 출연하는 EBS 〈세상에 나쁜 개는 없다〉 프로그램에 제보 하나가 들어왔습니다. 불법 강아지 번식장이 있다는 신고였죠. 동물보호단체와 함께 현장에 도착한 저는 충격적인 광경 앞에서 차마 말이 나오지 않았습니다.

불법 시설물임이 분명한 어둡고 불결한 뜬장 안에서 최소한의 공간조차 확보하지 못한 채 뒤엉켜 있는 개들이 눈에 들어왔습니다. 임신한 상태로 쓰러져 있는 아이, 눈 한쪽이 하얀 고름으로 가득 찬 아이, 뜬장에서 오래 생활하다 보니 발톱이 심하게 꺾여 돌아간 아이까지……. 치우지 않아 산더미처럼 쌓인 오물과 악취 속에서도 개들은 살기 위해 썩은 물을 마실 수밖에 없었습니다.

이곳에서 개들은 단지 계속해서 번식하며 상품을 낳아야 하는 기계일 뿐이었습니다. 아니 어쩌면 최소한 나사를 조이고 기름칠해주는 기계보다 못한 대접을 받고 있었습니다.

개는 폐경이 없기 때문에 번식장의 개들은 쉬지도 못합니다(물론 나이가 들수록 출산율은 떨어집니다). 평생 뜬장에 갇혀서 임신과 출산을 반복합니다. 아마 인간이라면 차마 한 달도 버티지 못할 환경이겠죠. 당연히 갓 태어난 새끼와 함께 정서적 안정을 확보할 2개월이라는 기간까지 지낼 여유 따위는 없습니다. 2개월령 미만의 강아지를 판매하는 일은 불법이지만, 그런 불법은 이곳에서 버젓이 자행되고 있습니다. 생후 갓 1개월이 지난 새끼마저 잘 팔린다는 이유로 어미 개한테서 떨어져 상품으로 판매되죠. 그래서 강아지 번식장에 사는 어미들은 힘들게 낳은 자기 자식을 사랑할 시간을 가질 수도 없습니다.

그런 곳에서 개들은 자신의 삶을 살아가고 있었던 겁니다. 그 개들의 마음이 어땠는지, 그간 얼마나 고통스러웠는지 저는 감히 상상하고 싶지 않습니다. 다만 확실한 것은 그게, 그 조그마한 뜬장만이 그들의 세상이었다는 겁니다. 구조대를 마주한 개들은 철장 문을 열어도 쉽사리 뜬장 밖으로 나오지 못했습니다. 케이지 밖의 세상이 너무나 두려웠던 거죠.

저는 어쩔 수 없이 이탈리안 그레이하운드 여러 마리가 갇혀 있던 뜬장 안에 들어가 직접 한 마리를 안고 밖으로 나왔습니다. 이름도 없이 살아왔을 그 아이는 아마 그때 평생 처음으로 세상 밖으로 나와 햇살을 마주했을 겁니다. 태어나 처음으로 강아지 번식장에서 나와 세상을 마주했다는 뜻에서 저는 그 아이에게 '세상이'라는 이름을 지어주었습니다. 그리고 그 자리에서 세상이를 입양하기로 결정했습니다.

세상이 오빠가 되기로 결심한 특별한 이유가 있냐고 묻는다면 글쎄요, 저도 잘 모르겠습니다. 사실 바쁘다는 이유로 저 스스로 찾아서 하는 봉사활동은 엄두도 못 내고 있었습니다. 한편으로는 그 때문에 죄책감을 느끼고 언젠가는 '사지 말고 입양하세요'를 나 먼저 실천하겠다는 준비를 하고 있었죠. 세상이를 안고 철장 밖으로 나온 그때, 그게 당연하고 지금이 바로 그때라는 생각이 들었습니다. 그날 제 품에 안겨 철장 밖 세상을 처음 본 세상이의 작고도 힘찬 심장 박동이 느껴지던 게 또 하나의 특별한 이유라면 이유일까요?

그날 세상이와 함께 구조된 강아지 번식장 모견들은 저마다 세상이처럼 새로운 보호자를 만나 새로운 삶을 살고 있습니다. 사실 구조된 개들은 그래도 운이 좋았다고 할 수 있습니다. 우리나라에는 아직도 무수히 많은 불법 강아지 번식장이 있고, 아직도 무수히 많은 개들이 고통받고 있으니까요. 개들이 그 지옥 같은 곳에서 벗어나는 방법은 오직 식용견으로 팔리거나 죽는 것밖에 없죠.

저는 한편으로 세상이가 마음의 문을 닫아버리면 어쩌지 하고 걱정했습니다. 세상이가 경험한 세계는 저로서는 상상도 하지 못할 만큼 힘들었을 테니까요. 하지만 세상이는 굳세게 이겨냈고, 저는 그런 세상이를 보면서 오히려 위로를 받을 때가 많습니다. 사실 동물 보호소에서 유기견을 입양하는 많은 보호자들이 그렇게 이야기합니다. 위로해주고 싶었지만, 오히려 위로를 받는다고요. 그렇게 보면 개들은 우리 인간에게 얼마나 소중한 존재인가요. 그리고 그런 개들을 착취하는 인간이란 얼마나 형편없는 존재인지요. 요즘 세상이는 산책도 잘하고 밝은 모습으로 행복하게 지내고 있습니다. 하지만 가끔 세상이를 보면 한편으로는 미안해지는 마음을 어찌할 도리가 없습니다.

유기견을 키우는 건
정말 힘들까?

많은 분들이 생각합니다. 유기견을 키우는 건 어려운 일이고, 정말 특별한 사람만 할 수 있는 일이라고요. 정말 그럴까요?

그런 생각을 갖는 첫 번째 이유는 건강 문제일 겁니다.

많은 분이 유기견은 아픈 곳이 많을 거라고 생각합니다. 잘 관리 받지 못했고 아파서 버려지는 경우도 있다고 짐작하기 때문이죠. 하지만 제가 앞서 말씀드렸듯 태어나자마자 데려오는 어린 강아지라고 아프지 않은 것이 아닙니다. 아직 병인(病因)이 발현되지 않은 경우도 많아요. 이런 강아지의 경우 좋은 것을 먹이고 잘 관리해 줘도 언젠가 유전적 소인의 질병이 나타납니다. 특히 우리나라에서는 작은 유전자 풀을 활용해 공장식으로 강아지를 번식시키는 사례가 적잖다 보니 유전질환 발생률이 꽤 높은 게 현실입니다. 반면 유기견은 보통 이미 성장이 끝난 상태라, 입양 후 뒤늦게 유전질환을 알게 될 가능성이 크지 않습니다.

제가 오랫동안 수의사로 일하면서, 또 여러 방송 프로그램을 통해 유기견과 유기견 단체 관련자들을 만나면서 확실히 알게 된 것이 있습니다. "유기견은 건강에 문제가 많다"라는 믿음이 잘못됐다는 것입니다. 우리나라에서 유기견을 입양하는 경로는 주로 단체를 통하는 것입니다. 보호자가 스스로 유기견을 구조해 키우는 사례는 거의 없습니다. 그런데 유기견 입양 단체들은 아이들의 아픈 곳을 최대한 치료한 뒤 새로운 보호자에게 보내려고 노력합니다. 저도 그런 아이들이 눈에 띄거나 제게 진료를 받으러 오면 최선을 다해 도와주고 있습니다. 그래서 유기견을 입양해 보면 아픈 곳이 벌써 다 치료된 경우가 많습니다.

유기견 입양을 망설이는 두 번째 이유는 행동 문제일 겁니다. 여러 통계를 봐도 많은 개가 문제 행동 때문에 버려진다고 나오니까요. 저 또한 한때는 유기견의 행동 문제에 대한 선입견을 갖고 있었습니다. 하지만 많은 보호자와 아이들을 만나면서 이 생각 또한 틀렸다는 것을 알게 되었습니다.

우선 말씀드릴 것은 문제 행동에 대한 판단이 지극히 주관적이라는 것입니다. 어떤 사람한테는 이상하게 여겨지는 행동이 다른 사람한테는 전혀 문제가 되지 않을 수 있습니다. 사람과 개의 관계에 있어서는 더욱 그렇습니다. 수의행동학 전문 서적을 보면 공통적으로 다음 내용이 등장합니다. "개에게는 정상적인 행동을 사람이 문제 행동으로 인지한다." 개의 언어, 감정, 본능 등을 제대로 이해하지 못하는 사람은 개의 정상 행동을 자기 마음대로 문제 행동이라고 낙인찍을 수 있는 겁니다.

또 한 가지 유념해야 할 것은 개의 기질에 대한 것입니다. 갓 태어난 강아지를 데려와 내가 책임지고 쭉 키우면 올바른 행동을 갖게 할 수 있다고 믿으시나요? 이 믿음은 절반은 맞지만 절반은 틀립니다. 저희 어머니가 저를 당신 뜻대로 키우시지 못한 것처럼, 개 또한 우리 마음대로 되지 않습니다. 개가 보이는 대부분의 행동(짖기, 공격성, 분리불안)을 좌우하는 건 기본적으로는 타고난 기질입니다. 물론 보호자의 노력도 중요합니다. 하지만 그것이 절대적이지는 않습니다.

저 같은 전문가의 경우 강아지를 보면 어느 정도 유전적 기질을 유추할 수 있습니다. 하지만 평범한 보호자분들이 그런 판단을 내리기란 쉽지 않습니다. 개의 기질은 보통 생후 7~10개월 사이에 뚜렷하게 나타나기 시작합니다. 그 시기가 되기 전,

대부분의 보호자가 그렇듯 외모만 보고 반려견을 데리고 왔다가 내 생활 패턴이나 성격과 맞지 않는 기질이라는 걸 뒤늦게 알게 되면 큰 문제가 생길 수 있습니다. 반면 어느 정도 성장한 뒤 만나게 되는 유기견은 상대적으로 기질을 파악하기 쉽습니다.

유기견 입양을 충동적으로 결정하는 것은 바람직하지 않습니다. 산책봉사나 놀이봉사 등을 통해 여러 아이를 만나보고 나와 잘 맞는 친구를 입양한다면 훨씬 더 행복한 반려 생활을 할 수 있을 것입니다.

어떤 분들은 '고른다'라는 느낌을 싫어할 수도 있습니다. 하지만 우리 주위에는 유기견이 너무 많습니다. 그리고 가장 중요한 것은 그중 한 아이와 함께 행복한 삶을 사는 것입니다. 많은 유기견 가운데 나와 잘 맞는 아이를 찾고 오래도록 행복하게 반려한다면 미안한 마음은 가지지 않아도 괜찮습니다.

PART 2

TV는 '마법 상자'가 아니다

동물 프로그램은 스포츠 하이라이트 프로그램

반려견은 아파도 아픈 티를 잘 내지 않습니다. 제가 상담한 보들이의 경우도 그랬습니다. 보들이는 하루 24시간 식사, 배변, 수면 등 모든 일상을 카펫 위에서만 해결했습니다. 보호자가 간식을 들고 카펫 밖으로 유인해봐도 앞발만 겨우 내디디고 다시 카펫으로 들어갔습니다. 카펫 밖으로 나갈 때는 무조건 보호자 품에 안겨 이동해야 했지요.

제가 가정에 방문해 확인해보니 문제점이 여러 개 눈에 띄었습니다. 첫 번째 문제는 미끄러운 바닥이었습니다. 바닥이 너무 미끄러우면 반려견이 생활하기에 적합하지 않죠. 그런 바닥에서 한 번이라도 미끄러지면, 그 한 번의 트라우마로 인해 바닥을 무서워하게 될 수도 있습니다. 게다가 보들이는 무릎 상태도 좋지 않았습니다. 보들이가 산책을 나가 배변할 때면 뒷다리를 들어 올리는 모습이 자주 관찰됐습니다. 무릎에 느껴지는 통증을 줄이기 위한 나름의 자구책이었던 거죠.

한마디로 보들이의 문제 행동은 슬개골 탈구로 인해 오는 통증과 트라우마가 복합적으로 작용한 결과였습니다. 아마도 미끄러운 바닥은 다리가 불편한 보들이에게는 살벌한 얼음판처럼 느껴졌겠죠. 미끄러운 바닥에 매트를 깔고 높은 곳에 올라가기 편한 계단을 놓는 것만으로도 보들이의 행동반경은 훨씬 넓어질 수 있었습니다.

반려견의 행동을 조금만 유심히 관찰하면 혹시 반려견이 내가 모르는 어떤 문제로 고통받고 있지는 않은지 미리 진단하고, 상황이 더 나빠지기 전에 개선할 수 있습니다. 보들이의 경우도 보호자가 조금만 더 소홀했다면 평생 조그만 카펫 위를 벗어나지 못했을지 모릅니다.

다행히 최근 들어 강아지의 행동 문제에 관심을 갖는 반려인이 늘고 있습니다. 우리나라 반려견 인구가 늘어나면서 나타나는 자연스러운 변화일 겁니다. 그런데 강아지의 행동 문제는 한두 가지가 아닙니다. 세상에 다양한 사람이 있듯이, 그만큼의 다양한 개가 있고, 그래서 문제 행동도 다양한 형태로 나타납니다.

주위를 둘러봐도 대부분의 반려견이 심각하든 그렇지 않든 한두 가지 행동 문제를 갖고 있습니다. 그래서 그런지 반려견의 행동 문제를 해결하기 위한 TV 프로그램도 많아지는 추세입니다.

TV를 보면 정말이지 입이 다물어지지 않을 만큼 놀라운 사건의 연속입니다. 일단 반려견의 문제 행동 자체가 굉장히 자극적입니다. 오랫동안 고통받아온 사연이나 문제 행동을 하게 된 이유를 풀어낸 영상을 보면 저도 모르게 눈시울이 뜨거워지고 '반드시 구해야 한다' '반드시 고쳐내야 한다'라는 의지가 샘솟습니다.

그와 더불어 제시되는 솔루션은 더 말할 나위가 없습니다. 마치 진짜 '마법 상자' 같은 게 있어서 거기만 들어갔다 나오면 짠하고 모든 상처가 치유되는 듯한 느낌입니다. 정말 놀랄 노자입니다. 기다란 세탁기 입구에 오물 범벅이 된 타월을 갖다 놓고 잠시만 기다리고 있으면 뒤쪽에 있는 배출구로 말끔하게 세탁된 채 잘 개켜진 새 타월이 나오는 듯합니다.

문제 행동이 자극적으로 포장될수록 솔루션의 마법은 더 화려해집니다. 모든 시청자가 넋을 놓고 솔루션에 빠져드는 순간입니다. 적어도 지금 이 순간 안방을 지배하는 것은 뛰어난 솔루션으로 순식간에 강아지를 달라지게 만드는 행동 전문가입니다.

하지만 강아지는 기계가 아닙니다. 교육 몇 번 했다고 갑자기 스위치를 온·오프하듯이 문제 행동이 좋아지지는 않습니다. 저도 물론 TV에 출연하고 있지만 TV에서 몇 시간 만에 갑자기 강아지들의 문제 행동이 사라져 보이는 데는 편집의 힘도 한몫합니다.

이건 마치 축구 경기 하이라이트 필름과 같습니다. 전후반 90분 내내 지루하면서도 힘겨운 쌍방의 줄다리기가 이어지지만 하이라이트 필름에서는 그런 과정이 편집되어 나오지 않습니다. 발바닥이 벗겨지고 입에서 단내가 나도록 온몸의 수분을 땀으로 배출하며 공을 다투어 뛰어다니던 90분간의 사투는 단 몇 초로 압축됩니다. 캐스터와 해설가의 격정에 찬 환호 속에서 역동적인 결승골 득점 화면만 연속해서 화려하게 재생될 뿐입니다.

마법은 그것이 평소 접하기 힘들기 때문에 마법입니다. 어디서나 마법이 이루어진다면 그건 더 이상 마법이 아닐 겁니다. 모든 문제 행동에는 분명히 답이 숨어 있습니다. 그리고 그건 잠깐의 주입식 교육으로 해결될 수도, 혹은 그렇지 않을 수도 있습니다. 상황과 대상에 따라 방법도 다르고 효과도 다르기 때문이죠.

그래서 저도 방송에서 바로 해결하기 힘든 문제는 보호자들에게 따로 장기적인 노력이 필요하다며 알려드립니다. 방송 화면에는 나오지 않지만 문제 해결 의지가 있는 보호자와는 방송이 끝난 뒤에도 서로 연락하며 약물처방을 상담해드리거나 교육 방법을 알려드리고 있습니다.

중요한 것은 평소 반려견을 대하는 마음가짐과 교육 방법입니다. 다시 말해 일상의 순간순간이 중요합니다. 동물 프로그램에서는 절대 볼 수 없는 매 순간의 교감과 오랜 기다림의 시간이 중요한 것이죠. 꾸준한 인내심을 가지고 올바른 방법으로 교육해야 문제 행동이 점차 나아질 수 있습니다. 평범한 일상을 진짜 마법으로 만드는 힘은 바로 거기에 있습니다.

오류투성이 서열 이론

강아지를 교육할 때 보호자가 가장 많이 듣는 단어는 아마도 '서열'일 겁니다. 불과 몇 년 전까지만 해도, 그리고 지금도 여전히 많은 사람이 서열 교육의 중요성을 강조합니다. 그래서 보호자들은 앞다투어 서열을 잡으려고 강아지를 혼내고 체벌하죠.

미국의 인기 있는 동물 트레이너 중에는 서열 이론을 강조하며 강아지 목에 초크체인(잡아당기면 강아지 목을 조르는 쇠로 된 목줄)을 채우는 사람이 있고, 심한 경우 강아지에게 전기충격기까지 사용하는 사람도 있습니다.

그런데 여기서 잠깐 생각해봅시다. 정말 강아지에게 서열이란 것이 존재할까요? 또 서열을 알게 하려면 반드시 체벌해야 하는 걸까요?

먼저 서열 이론의 역사부터 살펴보죠. 제2차 세계대전 무렵 루돌프 쉥켈Rudolph Schenkel이라는 동물학자가 갇혀 있는 늑대 무리의 생태를 연구했습니다. 이후 쉥켈은 늑대들이 싸움을 자주 하고, 싸움의 결과로 서열을 정하며, 가장 강한 늑대가 항상 모든 자원을 먼저 차지한다고 밝혔습니다. 쉥켈은 이런 늑대를 '알파'라고 불렀습니다. 쉥켈에 따르면 늑대 사회에서는 알파 뒤에 이어지는 순위도 명확하게 정해져 있습니다. 그리고 1970년대에 데이비드 미치David Mech 박사가 발표한 논문은 쉥켈의 연구 결과를 뒷받침하며 알파독 이론을 더 공고히 만들었습니다.

바로 이 연구 결과를 바탕으로 강아지의 서열 이론이 정립되었습니다. 강아지도 늑대의 후손이니 늑대와 같은 습성을 가지고 있을 것이라는 추측에 기인한 것이죠. 하지만 쉥켈의 연구는 시작부터 큰 문제점을 갖고 있었습니다. 연구 대상이 된 늑대들은 자연 상태에 있는 원래의 모습이 아니었습니다. 애초 자신이 차지해야 하는 영역보다 훨씬 좁고, 먹이도 충분치 않은 환경에 살고 있었죠. 그렇다면 쉥켈의 연구 결과를 늑대 본연의 습성이라고 단언하기에는 부정확한 조건이 아닐까요?

서열에 따른 알파독 이론을 만드는 데 일조했던 동물학자

데이비드 미치는 바로 이 점에 착안해 자연 상태의 늑대 무리를 관찰하는 새로운 연구를 진행했습니다. 놀랍게도 이 연구 결과는 그동안 알려진 내용과는 아주 달랐습니다. 자연 상태의 늑대는 가족 위주로 무리를 구성했으며 우두머리 수컷이 모든 자원을 먼저 차지하지도 않았죠. 미치는 자신이 젊었을 때 정립한 서열 이론이 틀렸음을 깨달았습니다. 그리고 본인이 초기에 사용한 '알파'라는 용어가 아직도 널리 사용되는 현실이 무척 안타깝다고 이야기했습니다.

사실 동물학에서 서열이란 주어진 자원에 대한 접근 권한 순서라고 할 수 있습니다. 쉔켈의 연구에서 늑대들은 좁은 공간에 갇혀 있고 먹을 것조차 충분치 않은 환경에 놓여 있었습니다. 늑대들은 어쩔 수 없이 생존을 위해 강력한 서열을 만들었습니다. 하지만 이것이 늑대의 본래 습성은 아닌 것입니다.

그럼 이렇게 서열 이론에 오류가 있다는 점이 과학적으로 밝혀졌는데도 왜 아직 많은 사람이 이 이론을 믿는 걸까요?

그 이유는 명백합니다. 첫째, '서열'이라는 단어만 사용하면 모든 문제를 아주 간단하게 설명할 수 있기 때문입니다. 강아지가 보호자를 무는 것, 산책할 때 보호자보다 앞서려 하는 것, 시도 때도 없이 짖어대는 것 등이 모두 다 보호자가 서열을 제대로 확립하지 못했기 때문이라고 가정하면 얼마나 간단한가요.

하지만 강아지의 문제 행동 원인을 분석하는 건 그리 간단치 않습니다. 공포와 두려움 등 강아지의 기본 심리와 유전적 성향, 살아온 환경 등을 종합적으로 파악해야 비로소 원인을 판단할 수 있습니다. 동물행동 전문가인 저도 상담할 때는 꽤 많은 시간을 들여 꼼꼼하게 강아지를 관찰합니다. 어느 한 가지 이유로 쉽게 단정을 내리기에는 강아지라는 생명이 품고 있는 온갖 정보가 너무나 방대하기 때문입니다. 이 점만 생각해보아도 서열 이론을 맹신하는 데서 오는 문제점을 예상할 수 있죠.

사람들이 서열 이론에 쉽게 마음을 빼앗기는 두 번째 이유는 뭘까요? 실제 환경에서 서열 이론이 잘 통하는 것처럼 보일 때도 있기 때문입니다. 서열 이론을 말하는 사람들이 강아지를 교육할 때 흔히 쓰는 방법은 '체벌'입니다. 그리고 강아지는 체벌을 받으면 겉보기에는 얌전해진 듯도 합니다. 사람들은 이런 결과를 보면서 '역시 서열 이론이 옳구나. 개는 혼내야 해'라고 굳게 확신하게 됩니다. 이건 어쩌면 우리의 뿌리 깊은 믿음이기도 합니다. 매 앞에 장사 없다는 옛말이 그래서 나왔을까요?

하지만 그건 단순히 일시적인 효과를 보고 내리는 섣부른 판단일 뿐입니다. 체벌이 향후 어떤 트라우마를 가져오는지, 혹시라도 잠재적인 부정적 성향을 끌어올리지는 않는지 면밀하게 조사한다면, 그렇게 쉽게 고개를 끄덕이고 체벌에 찬성할 수는 없을 겁니다. 아이를 가르칠 때도 체벌을 통해 좋은 습관을 기를 수는 없다고 합니다. 오히려 아이에게 폭력을 가르치는 일과 다름없다고 하죠. 맞고 자란 아이는 나중에 성인이 되어 폭력을 사용할 확률이 높다는 연구 결과도 있습니다.

어쩌면 잘못된 이론으로 망가지는 것은 체벌을 당하는 당사자뿐 아니라 서로 다른 두 생명 사이의 관계일지도 모르겠습니다.

교육을 위한 체벌은 없다

불과 20년 전, 제가 수의대에 입학하고 동물병원에서 아르바이트를 할 때만 해도 수의사를 '선생님'이라고 부르는 사람은 거의 없었습니다. 그냥 '아저씨'라고 불렀죠. 강아지를 '반려동물'이라고 하는 이도 많지 않았습니다. 대개 '애완동물'이라고 불렀습니다. 당시의 보호자들은 개가 '잘못된' 행동을 보일 때 체벌을 가했고, 그러면 강아지는 확실히 얌전해지기도 했습니다.

그러나 이제는 시대가 많이 흘렀습니다. 수의사인 저를 아저씨라고 부르는 사람도, 강아지를 애완동물이라고 부르는 사람도 찾아보기 어려워졌습니다. 그런데도 체벌은 사라지지 않았습니다. 사람들의 의식이 점점 바뀌어가는데, 왜 우리는 여전히 과거의 방식만 따르고 있을까요?

애완동물에서 '애완'은 '사랑할 애愛'와 '희롱할 완玩'의 합성어입니다. 해석하자면 사랑하는 장난감, 총애하는 장난감이라는 뜻입니다. 애완동물을 기르는 사람이 장난감의 행복을 고려할 이유는 없습니다. 반면 반려동물에서 반려는 '짝 반伴'과 '짝 려侶', 즉 짝이라는 한자어가 두 번이나 들어가는 말입니다. 그래서 '진정한 짝'을 의미합니다. 우리가 '애완동물'이라는 단어를 버리고 '반려동물'이라는 단어를 쓰는 것은, 곧 나만 행복하면 된다는 생각에서 벗어나 나와 동물이 같이 행복할 방법을 찾으려 노력하는 태도를 갖는 마음가짐의 시작이라고 보면 됩니다.

저는 강아지를 키우는 반려인이라면, 이 반려의 뜻을 헌법처럼 여겨야 한다고 생각합니다. 헌법은 최상위 법으로 다른 법보다 우위에 있습니다. 그 어떤 법이라도 헌법에 위반되면 헌법재판소에서 위헌으로 판단해 효력을 정지시킵니다. 즉 우리가 무언가를 할 때 나만의 행복을 생각한다면 그것은 반려인의 헌법에 위배되는 것이니 다시 한번 생각해 봐야 할 것입니다.

이 관점에서 체벌에 대해 다시 한 번 생각해봅시다. 체벌을 받아 얌전해진 강아지가 과연 행복할까요? 말 못 하는 강아지들의 속사정은 어떨까요? 강아지들은 자기가 체벌을 받는 이유를 이해하지 못합니다. 그저 '나는 뭘 해도 혼난다'고 생각할 뿐입니다. 혼나지 않으려고 사람 눈치를 보다가 심한 경우 아예 아무런 행동도 하지 않을 수 있습니다. 사람으로 치면 우울증 같은 증상입니다. 이것을 우리는 '학습성 무기력'이라고 부릅니다. 사람도 최근에는 교육할 때 체벌을 하지 않습니다. 부득이하게 체벌할 때는 꼭 그 이유를 알려주라고도 하죠. 하지만 반려견은 그게 불가능합니다. 자신이 보기에는 당연한 행동을 했는데도 체벌을 받는다면 강아지들은 나는 뭘 해도 혼난다고 생각해서 아무런 행동도 하지 않기 시작하는 겁니다.

강아지에 대한 체벌 효과는 기대와는 달리 정반대로 나타나기도 합니다. 바로 강아지들의 공격성을 높이는 형태지요.

남자들은 학창 시절 이런 얘기를 흔히 들어봤을 겁니다.

"야, 싸울 때는 진짜 독한 맘먹고 반 죽여놔야 해. 어설프게 하면 나중에 자꾸 기어올라."

그렇습니다. 폭력에는 내성이 있습니다. 체벌을 한 번 약하게 시작하면 처음엔 잘 해결되는 듯 보이지만, 점차 내성이 생기면 체벌의 강도도 따라서 세지고 나중에는 걷잡을 수 없는 상태가 됩니다. 인터넷 사이트에 흔히 '교육법'이라고 소개돼 있는 '코 때리기' '배 보이기' '신문지로 엉덩이 때리기' 등의 체벌은 원래 목적도 이루기 어렵고 도리어 보호자가 생각지도 못한 엄청난 결과를 불러옵니다. 강아지가 폭력에 익숙해지게 만들고, 스트레스로 인한 공격성을 증가시키며, 결과적으로 보호자와 맺는 유대를 깨뜨립니다. 심지어 어떤 분들은 이런 방법을 사용했다가 저에게 오셔서 "더 좋아지지 않아도 좋으니 예전으로 돌아가기만 했으면 좋겠다"라고 말씀하시기도 합니다.

그렇다면 우리는 강아지의 문제 행동에 어떻게 대처해야 할까요? 앞에서 밝혔듯 '강아지 세계에서는 우두머리가 모든 것을 통제한다'는 서열 이론 자체가 잘못되었다는 사실부터 깨달아야 합니다. 물론 강아지 세계에 서열 자체가 없다는 뜻은 아닙니다. 강아지보다 고등동물인 사람조차 처음 만나면 나이를 물어보고 알게 모르게 서열을 만드는데 강아지라고 그러지 않을까요.

하지만 강아지 여러 마리를 키우는 사람들은 잘 알 겁니다. 밥을 먹을 때는 A 강아지가 먼저 먹고, 보호자한테 쓰다듬질을 받을 때는 B 강아지가 먼저 받는 식으로 유연한 서열관계를 갖는 경우가 흔하다는 걸 말입니다.

게다가 대부분의 강아지는 사람과 맺은 관계에서 위치를 전복하려 들지 않습니다. 또 개는 이미 진화 단계에서 사람 없이는 살기 힘든 동물이 됐습니다. 일부 동물학 관련 서적에서는 개를 사람에게 기생하는 기생동물이라고까지 표현합니다. 저는 물론 그런 표현에 동의하지 않지만, 만약 인류가 멸종한다면 그 다음으로 멸종할 동물이 개라고 생각합니다.

개도 그 사실을 본능적으로 알기 때문에 웬만하면 사람을 이기려 들지 않습니다. 예외적으로 사람을 이기려 드는 개가 없지는 않지만 그 수는 아주 적습니다. 지금까지 제가 상담한 개 가운데 단 한 마리가 비슷한 문제 행동을 보였을 뿐입니다.

여기까지 읽고 이렇게 묻고 싶은 독자도 있을 겁니다.

"그래서 서열이 있다는 거야, 없다는 거야?"

그런 물음에 한마디로 설명하는 건 쉽지 않습니다. 하지만 확실한 것은 강아지 세계에 서열이 있든 없든, 체벌은 부작용만 낳는다는 사실입니다. 앞서 말한 대로 서열이란 일정한 자원에 대한 접근 권한입니다. 우리는 강아지에게 필요한 자원을 조절하는 방식으로 리더십을 발휘할 수 있습니다. 게다가 강아지가 우리에게 원하는 자원은 많지도 않습니다. 주로 식량과 보살핌이 대부분입니다. 잘못했을 때 혼낼 것이 아니라 잘했을 때 이런 자원을 칭찬과 보상으로 주면, 우리는 매우 손쉽게 그들이 사랑하는 보호자이자 리더가 될 수 있습니다.

마지막으로 보호자들에게 꼭 당부하고 싶은 말이 있습니다. 체벌은 강아지에게 오직 한 가지만 가르칩니다. 그건 바로 체벌을 피하는 방법입니다. 그리고 때로는 그게 보호자에 대한 공격 형태로 나타날 수 있습니다. 혹시라도 체벌을 통해 강아지를 가르치려고 생각했다면 반드시 이 사실을 명심하기 바랍니다.

어떤 사람들은 훈육이라는 단어를 사용해, 감정이 들어가지 않았다는 말로 체벌을 정당화하려 합니다. 아동학대 사례에서 학대자들이 늘 하는 변명도 "훈육이었다"라는 것이 떠오릅니다. 제가 '세상에 나쁜 개는 없다' 프로그램을 촬영하면서 만났던 초등학생 이한비 작가의 말로 이 장을 마무리하겠습니다.

"사랑은 행복하라고 주는 것입니다. 하지만 사랑을 받는 대상이 슬퍼한다면 그것은 사랑이 아니라 학대입니다." – 이한비

강아지를 체벌하면 안 되는 이유

1. 체벌은 개에게 어떤 것이 올바른 행동인지 알려주지 않습니다.
2. 사건이 일어난 즉시 체벌할 때만 효과가 있습니다.
3. 체벌은 나쁜 행동을 할 때마다 가해져야 합니다.
4. 체벌은 동물에게 육체적인 고통을 주고, 스트레스를 높입니다.
5. 인간과 동물이 맺는 유대감에 손상을 줍니다.
6. 학습을 저해하고 학습성 무기력을 유발합니다.
7. 사람이나 다른 개를 향한 공격성을 유발합니다.

친해지려면
냄새를 맡게 하라?

우리나라에 잘못 알려진 펫티켓이 하나 있습니다. 바로 '친하지 않은 개를 만날 때 손을 내밀어 냄새를 맡게 하라'는 것입니다. 저는 어릴 때부터 TV 프로그램에서 이런 정보를 여러 번 접했습니다. 저뿐 아니라 매우 많은 사람이 그렇게 알고 있습니다. 그런 까닭에 한국에서 이 행동은 일종의 매너처럼 받아들여집니다.

미국에 처음 갔을 때도 저는 당연히 처음 만나는 개를 보면 손부터 내밀었습니다. 그러자 교수님께서 물었죠.

"왜 그런 행동을 하지?"

저는 알고 있던 대로 대답했습니다.

"냄새를 맡게 해서 친해지려고 하는 거죠."

그러자 교수님이 제게 반문했습니다.

"개의 후각이 얼마나 뛰어난지 모르나? 팔 길이 차이로 냄새를 맡고 못 맡고 할 것 같아?"

모든 동물에겐 '퍼스널 스페이스personal space'가 있습니다. 그 공간을 침범당하면 어떤 동물이든 스트레스를 받습니다. 우리가 만원 버스나 만원 지하철을 타면 계속 신경이 쓰이는 이유와 마찬가지입니다.

개마다 퍼스널 스페이스의 범위는 다릅니다. 사회성이 좋은 개는 퍼스널 스페이스가 아주 좁고, 불안도가 높은 개는 아주 넓습니다. 그러니까 빨리 친해지겠다며 손을 내밀다가 혹시라도 그 개의 퍼스널 스페이스를 침범하면 개는 자기 공간을 지키기 위해 그 손을 물 수 있는 거지요.

일반인이 개를 만났을 때 하는 실수는 또 있습니다. 개 앞에서 상체를 굽히거나 눈 마주치기를 하는 것이죠. 하지만 겁 많은 개는 사람이 자기를 향해 상체를 굽히면 그걸 공격 신호로 받아들입니다. 자기가 믿지 못하는 대상의 무게 중심이 앞으로 쏠리는 순간, 상대가 자신을 공격할 수 있다고 여기는 것입니다. 나보다 10배는 큰 외계인이 갑자기 내 머리 위로 허리를 숙일 때 느껴질 공포를 생각해보세요. 내 머리 위로 커다란 그림자가 드리워질 때의 공포를 떠올린다면 개의 마음을 어렵잖게 이해할 수 있을 것입니다.

시선을 맞추는 것 또한 마찬가지입니다. 저는 중·고등학교 때 어쩌다 선배와 눈이 마주쳤다는 이유로 조용한 곳에 불려가 혼난 경험이 있습니다. 남자라면 어린 시절 이런 일을 많이 겪었을 겁니다. 개도 마찬가지입니다. 친근한 사람과의 눈 맞춤은 사랑의 표현입니다. 하지만 별로 친하지도 않은 대상이 눈을 똑바로 쳐다보는 건 공격하겠다는 기미로 받아들여질 수 있습니다.

재미있는 건 우리나라에서는 많은 사람이 강아지를 처음 만났을 때 호의의 표시로 이 세 가지 잘못된 행동을 한꺼번에 하는 경우가 많다는 겁니다. 눈을 맞추고, 상체를 숙이면서, 손을 내미는 것이죠. 하지만 이런 표현 방식은 의도하지 않은 오해를 불러올 수 있다는 걸 알아야 합니다.

그런데 이게 다 잘못된 상식이라면 강아지한테 어떤 식으로 다가가야 할까요? 낯선 개와 처음 만났을 때 가장 좋은 자세는 아무것도 하지 않는 것입니다. 사회성 좋은 강아지는 사람이 어떤 행동을 하기 전에 스스로 호의를 표시합니다. 먼저 가까이 다가와서 엉덩이를 흔들고 몸 근육을 이완한 상태로 만져달라고 합니다. 그럴 때 자연스럽게 친근함을 표시하면 됩니다.

만약 개가 다가오지 않을 때는 좀 더 기다리는 게 좋습니다. 그때는 상체를 숙이지 말고 무릎을 굽혀 자세를 낮춰보십시오. 그리고 눈이 직접 마주치지 않게 옆쪽에 앉아 개가 스스로 다가올 때까지 기다립니다. 그래도 다가오지 않는다면? 진인사대천명盡人事待天命이라고, 그때는 개의 의사를 존중하는 편이 바람직합니다.

강아지와 인사할 때 이렇게 하세요!

하지 말아야 할 행동

- 허리를 숙이고 강아지 얼굴을 향해 손을 내밀지 마세요.
- 허리를 숙이고 강아지의 머리 위를 만지지 마세요.
- 잡거나 껴안지 마세요.
- 눈을 쳐다보지 마세요.
- 강아지를 보며 소리 지르지 마세요.
- 강아지를 잡고 뽀뽀하지 마세요.

올바른 방법

눈을 마주치지 말고, 강아지 스스로 다가오게 합니다. 정면이 아닌 옆으로 서서 만납니다. 먼저 다가오는 호의적인 강아지라면 가슴 또는 몸의 옆쪽을 부드럽게 쓰다듬어주세요.

그 개는 정말 좋아서 꼬리를 흔들었을까?

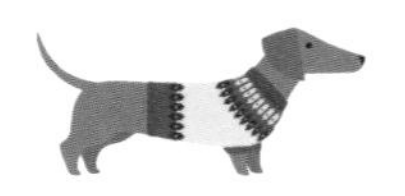

어느 날 갑자기 우리가 아주 생소한 나라에 가서 살아야 한다고 가정해봅시다. 그 나라에 적응하기 위해 가장 먼저 할 일은 바로 그 나라 언어를 이해하는 것이겠죠. 개와 생활할 때도 마찬가지입니다. 우리가 개라는 동물과 조화롭게 살려면 먼저 그들의 언어를 어느 정도 이해해야 합니다.

어떤 사람은 이렇게 반문할지도 모르겠습니다.

"아니, 왜 우리만 개의 언어를 이해하려고 노력해야 하지? 개는 그렇지 않잖아!"

사실은 그렇지 않습니다. 알고 보면 개들은 이미 우리 언어를 이해하려고 충분히 노력하고 있습니다. 그들에게 주어진 능력 범위 내에서 할 수 있는 노력을 다하고 있죠. 다만 우리가 그런 노력을 몰라줄 뿐입니다.

요즘은 대부분의 반려견 보호자가 개를 이해하기 위해 노력해야겠다는 마음을 갖고 있습니다. 그런데 때로는 잘못된 상식이 그런 노력에 찬물을 끼얹습니다.

대표적인 사례가 개의 꼬리 언어에 대한 오해입니다. 우리나라 사람 상당수는 개가 꼬리를 흔들면 그걸 반갑다는 표현으로만 받아들입니다. 오죽하면 노래 가사에도 '꼬리치며 반갑다고 멍멍멍'이라는 내용이 있을까요? 물론 외국에도 비슷한 오해를 하는 사람들이 적지 않습니다. 이 '착각'이 많은 개 물림 사고의 원인이 됩니다.

반려견이 우리나라보다 훨씬 많은 미국에서도 사람이 개에게 물리는 사고가 빈번히 일어납니다. '소송의 나라'답게 재판 과정에서 반려견 행동 전문가를 찾는 일도 많습니다.

저는 미국 연수 도중 현지 수의대 교수님이 관련 상담을 진행하는 자리에 동석한 적이 있습니다. 이웃집 개에게 물렸다는 내담자는 교수님께 "그 개가 꼬리를 흔들어 예뻐해주려 하니 갑자기 절 물었어요" 하고 하소연했습니다.

그 개는 과연 내담자가 좋아서 꼬리를 흔들었을까요? 개의 꼬리 흔들기가 사람의 언어처럼 다른 대상에게 특정 의사를 표현하는 신호임은 분명합니다. 사람이 혼자 있을 때 말을 잘 하지 않는 것처럼 개도 혼자 있을 때는 거의 꼬리를 흔들지 않습니다. 문제는 꼬리 흔들기로 개의 의사를 판단하는 게 쉽지 않다는 점입니다.

놀랍게도 개는 대부분 지독한 근시입니다. 보통 사람보다 시력이 떨어집니다. 개는 적록색맹(빨간색과 초록색을 구별하지 못하고 세상을 노란색, 파란색 계열로 봅니다)인 데다 심한 근시로 멀리 있는 물체를 잘 식별하지 못합니다. 가끔 보호자들 가운데 자신이 반려견을 알아본 뒤에도 반려견이 자기를 알아보지 못한다며 서운해하는 사람들이 있습니다. 이것은 바로 이러한 개의 본질적 특성 때문입니다.

반면 개의 시각은 움직임에 대한 민감도 면에서 사람보다 훨씬 뛰어납니다. 그래서 개는 대개 꼬리를 움직여 의사를 전달합니다. '움직이는 꼬리'는 다른 개들에게 훨씬 잘 인식되고, 의사소통 수단으로 아주 유용합니다. 일부 개는 의사소통에 유리하도록 꼬리 끝부분에만 어둡거나 밝은 털이 납니다. 움직일 때 눈에 확 띄게 하려는 목적에서죠. 꼬리가 훨씬 더 잘 보이게 푹신하고 커다란 모양으로 진화한 견종도 있습니다.

행복할 때, 상대에게 우호적인 감정을 갖고 있을 때 개는 꼬리를 흔듭니다. 그런데 개는 두려움과 불안을 느낄 때, 또는 상대에게 경고를 표시할 때도 꼬리를 흔듭니다. 자, 여기에서 혼란이 생깁니다. 이 차이를 어떻게 구별할 수 있을까요?

개의 꼬리 언어를 분석할 때 주의를 기울여야 할 요소는 꼬리 위치, 특히 높이입니다. 꼬리가 중간 높이에 있을 때는 개가 편안하고 안정적인 감정 상태인 경우가 많습니다. 꼬리 위치가 높이 올라가는 것은 개가 점점 위협적이 돼가는 징후로 볼 수 있습니다. 꼬리가 수직으로 치솟는 건 일반적으로 넘치는 자신감을 표현하는 신호입니다. 사람 언어로 하면 '나는 이 구역을 지킬 거야' 또는 '지금 당장 물러나지 않으면 다쳐' 정도로 해석할 수 있습니다.

같은 맥락에서 볼 때 꼬리 높이가 낮아지는 것은 불안 혹은 두려움을 보여주는 지표입니다. 극단적인 경우 개는 다리 사이로 꼬리를 숨깁니다. 엄청나게 두려워하고 있다는 뜻이죠. 꼬리 언어를 통해 상대방에게 '제발 나를 해치지 마세요'라는 메시지를 전달하는 것입니다.

이처럼 꼬리 위치를 보고 개의 감정을 파악할 때 조심해야 할 점이 있습니다. 개마다 기준이 되는 꼬리 위치가 다소 다를 수 있다는 점입니다. 우리 언어 세계에서도 같은 단어가 지역에 따라 서로 다른 의미로 사용될 수 있죠. 개도 그렇습니다.

진돗개와 비글, 그리고 많은 테리어 종의 경우 애초부터 수

직형 꼬리를 갖고 있습니다. 꼬리가 바짝 서 있는 것이 일반적 모습입니다. 반면에 그레이하운드 또는 그와 비슷한 종류의 개는 꼬리가 자연스러운 상태에서 매우 낮은 위치에 있습니다. 이런 견종별 특수성을 고려하지 않고 꼬리의 일반적 위치를 기준으로 삼아 '저 개는 화가 나 있군' 혹은 '저 개는 겁을 먹었군'이라고 해석하면 오류가 생기는 게 당연하겠죠.

한편 최근엔 보호자들이 미용에 대한 욕심이 많아 자기 개의 꼬리를 짧게 잘라내기도 합니다. 이렇게 되면 꼬리를 보고 개의 언어를 이해하는 일도 불가능하고, 개들 사이의 의사소통에도 나쁜 영향을 미칠 수 있습니다.

사람이 개의 꼬리 언어를 해석할 때는 꼬리가 움직이는 속도 또한 눈여겨봐야 합니다. 꼬리를 흔드는 속도는 곧 개가 흥분한 상태가 어느 정도인지를 말해주기 때문이죠. 개는 즐거울 때뿐 아니라 화가 났을 때도 흥분합니다. 꼬리를 빠르게 흔들 때는 매우 반갑거나, 매우 화가 난 상황일 수 있습니다.

개가 꼬리를 흔드는 폭을 구별 기준으로 삼을 수도 있습니다. 보통 폭이 넓을 때는 긍정적인 감정, 폭이 좁을 때는 부정적인 감정을 표현하는 경우가 많습니다.

지금까지 살펴본 내용을 조합하면 다음과 같은 통역이 가능합니다.

"안녕하세요, 나 여기 있어요."

개의 꼬리 흔들기에 담긴 속마음

- 좁은 폭으로 천천히 움직이는 꼬리: 조심스러운 반가움의 표현
  "안녕하세요. 나 여기 있어요."
- 큰 폭으로 움직이는 꼬리: 친근감의 표현
  "나는 공격적이거나 위협적이지 않아요."
- 엉덩이까지 춤추듯 같이 움직이는 꼬리: 매우 큰 즐거움과 기쁨의 표현
  "나는 지금 매우 행복해요."
- 중간 정도 높이에서 천천히 움직이는 꼬리: 두렵지도, 자신감이 넘치지도 않는 불확실한 감정 표현
  "지금 무슨 상황인지 지켜보고 있어요."
- 좁은 폭으로 아주 빠르게 진동하는 꼬리: 도망 또는 싸움 등 특정 행동을 준비하는 징후
  "지금 달아나야 할까, 덤벼야 할까?"
- 높게 유지한 상태에서 좁은 폭으로 아주 빠르게 진동하는 꼬리: 최고 수준의 위협 표현
  "지금 당장 물러나지 않으면 다쳐!"

그동안 많은 과학자들이 개의 꼬리 위치와 움직임, 속도를 통해 개의 언어를 해석해왔습니다. 그리고 최근 새로운 연구를 통해 꼬리 언어를 이해하는 중요한 요소가 한 가지 더 추가됐습니다. 바로 개가 긍정적인 느낌을 가질 때는 일반적으로 꼬리

뒷부분이 오른쪽으로 더 많이 흔들리고, 부정적인 감정을 가질 때는 왼쪽으로 더 치우쳐서 흔들린다는 것입니다.

이탈리아 트리에스테대학교 신경과학자인 조르조 발로르티가라Giorgio Vallortigara의 연구에 따르면, 개들이 주인을 볼 때 꼬리가 몸 오른쪽으로 더 활발하게 움직였습니다. 익숙하지 않은 사람을 대할 때도 꼬리가 오른쪽으로 다소 움직이긴 하지만 주인을 볼 때만큼은 아니었습니다. 또 공격적이거나 낯선 개를 보면 꼬리가 몸의 왼쪽으로 흔들렸습니다.

사실 이 연구가 놀랄 만한 결과를 시사하는 건 아닙니다. 이미 많은 과학자가 사람, 원숭이, 조류, 개구리 등 많은 동물에서 좌뇌가 안정적이고 평온한 감정을 담당한다는 사실을 밝혀냈기 때문이죠.

사람의 좌뇌는 사랑, 애착, 안정감, 침착함 같은 긍정적인 감정과 연관돼 있으며 심박수를 낮추는 등의 생리적인 기능과도 관련이 있습니다. 반면 우뇌는 두려움이나 우울 같은 감정, 심박수를 높이고 소화 기능을 낮추는 기능 등과 연관돼 있습니다. 왼쪽 뇌가 신체 오른쪽을 제어하고 오른쪽 뇌가 신체 왼쪽을 제어하기 때문에 동물 대부분이 긍정적인 감정은 신체 오른쪽에서 나타나고 부정적인 반응은 신체 왼쪽에서 나타납니다.

예를 들어 병아리는 먹을 것을 찾을 때 주로 오른쪽 눈을 사용하고 맹수의 공격을 감시할 때는 왼쪽 눈을 잘 씁니다. 인간의 경우에는 얼굴 오른쪽 근육이 행복한 감정을 반영하고, 얼굴 왼쪽 근육은 부정적인 감정을 표현하는 경향을 보입니다. 이와 같은 특성이 개의 꼬리 언어에도 그대로 반영된다는 것입니다.

분명한 사실은 개가 꼬리를 통해 우리에게 많은 이야기를 전달하고 있다는 점입니다. 단, 꼬리가 아무리 많은 것을 이야기한다 해도 꼬리만 보고 개들이 무엇을 말하는지 예단해서는 안 됩니다. 개들은 꼬리뿐 아니라 눈, 입, 귀, 표정, 그리고 몸의 자세 등을 통해서도 자기 의사를 전달하니까요. 중요한 것은 그들의 언어를 이해하려는 노력입니다. 사람과 사람이 그렇듯, 개와 사람 사이에도 대화가 필요합니다.

반려견과 함께 살면서 가장 중요한 것은 일방적 소통이 아닌 양방향 소통입니다. 그리고 양방향 소통을 하려면 상대방의 언어를 이해하려는 노력이 급선무입니다.

사람은 단어와 문장을 통해 소통합니다. 그래서 강아지를 대할 때도 자꾸만 말로 표현하려 듭니다. 무슨 의미인지 모르는 단어를 나열하며 강아지를 더 혼란스럽게만 하는 격이죠. 강아지도 목소리로 감정을 표현합니다. 예를 들어 하울링을 할 때 나오는 높은 주파수는 나에게 오라는 표현이고, 으르렁거리는 낮은 주파수는 내게서 멀어지라는 표현입니다. 하지만 더 많은

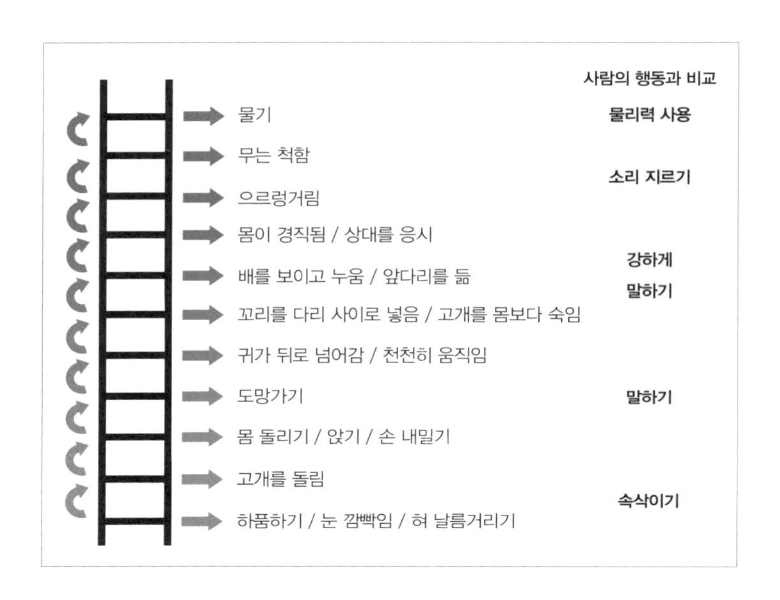

경우, 표정과 몸짓으로 표현하죠. 그래서 우리도 귀로 듣고 입으로 말하는 것이 아닌, 강아지의 몸짓 언어를 눈으로 듣고 강아지가 이해하기 쉽게 몸으로 표현해줘야 합니다.

위의 표는 공격성 사다리aggression ladder를 나타낸 것입니다. 강아지가 미약한 스트레스를 받을 때는 어떤 표현을 하고, 점점 더 큰 스트레스를 받으면 어떻게 표현하는지 말해주죠. 위의 표에서 나오는 표현을 관찰하면서 강아지의 마음을 알아주려 노력하면 좋은 보호자가 되는 길도 그리 멀지만은 않습니다.

입마개 강요가 산책을 힘들게 한다

2017년 한 유명인의 개가 사람을 물어 피해자가 사망한 사건이 발생한 뒤 엄청난 후폭풍이 일어났습니다. 그 파급효과로 정부는 부랴부랴 '이상한' 반려견 안전대책까지 발표했죠.

이 대책에는 체고(몸높이) 40센티미터 이상 반려견 산책 시 입마개 착용 의무화, 모든 반려견 산책줄 길이 제한(최장 2미터) 등의 내용이 담겨 있었습니다. 하지만 결국 동물 단체 등의 반발에 부딪혀 철회했습니다.

사실 입마개 씌우기는 제가 미국에 공부하러 갔을 때 가장 먼저 배운 트레이닝 방법 중 하나입니다. 입마개가 반려견에게 불편을 주기는 하지만, 제대로 된 제품을 고르고 반려견을 잘 교육한 뒤 사용하면 큰 불편 없이 사용할 수 있습니다. 그럼에도 정부가 추진하려 했던 정책이 잘못된 이유는 무엇일까요.

첫째, 사람이 개한테 물리는 사고의 대부분은 반려견 산책 시에 일어나지 않습니다. 그보다는 반려견이 산책로에 있지 않은 상황에서 주로 발생합니다.

앞에서 말한 사망 사건도 집 안에 있던 반려견이 잠시 현관문이 열린 사이 밖으로 뛰쳐나가 피해자를 물면서 발생했습니다. 도사견이 줄을 풀고 문밖으로 나가 행인을 공격한 사건, 시베리안 허스키가 어린이를 문 사건 등 최근 언론에 보도된 개물림 사건도 비슷한 케이스입니다.

이 사고의 공통점은 뭘까요? 집 현관 앞에 안전문(베이비 게이트 등)만 하나 설치했어도 얼마든지 막을 수 있었을, 보호자의 관리 부주의로 발생한 사고라는 점입니다. 그런 까닭에 정부가 계획대로 반려견 입마개 착용을 의무화한다 해도 우리가 걱정하는 수많은 사건을 완벽하게 막기는 어렵습니다.

둘째, 반려견이 사람을 물지 그러지 않을지 좌우하는 건 몸체 크기가 아닙니다. 반려견이 어릴 때 사회화 교육을 받았는지, 또 보호자가 기본적인 트레이닝 방법과 반려견의 특성에 대해 아는지가 오히려 더 큰 영향을 미칩니다.

물론 반려견의 크기에 따라 피해자의 상해 정도가 달라질 수는 있습니다. 하지만 키 180센티미터가 넘는 남자한테 맞으면 더 아프다는 이유로 그런 사람들에게 집 밖에 나갈 때마다 수갑을 차라고 요구하는 건 비합리적이지 않은가요?

어떻게 개와 사람을 비교하느냐고 물을 수도 있을 겁니다. 그런데 사실 세상에는 개보다 위험한 것이 매우 많습니다. 해외 연구 결과를 보면 개는 사람은 물론 대부분의 운송수단보다 안전합니다. 연간 교통사고 사망자 수를 살펴보면 아마 제 말에 고개를 끄덕이지 않을 수 없을 겁니다.

심지어 욕조, 유모차, 전기코드, 나무, 침대 등도 개보다 더 위험합니다. 달리 말하면 이런 물건으로 인해 다칠 위험이 더 높습니다. 사람이 개한테 물려 죽을 확률은 1800만분의 1로, 로또에 당첨될 확률보다 낮습니다. 이런 사실을 두고 보면 우리 사회가 개에게만 유독 심한 잣대를 들이대는 게 아닐까 하는 생각마저 듭니다.

셋째, 개에게 입마개를 하려면 교육이 필요합니다. 사실 제가 가장 걱정하는 부분이 바로 이것입니다. 보호자가 입마개를 채울 때 개가 얌전히 있는 경우는 많지 않습니다. 그리고 집에서 보호자가 쉽게 입마개를 씌울 수 있는 개는, 대부분 산책 시에도 아무런 문제를 일으키지 않을 가능성이 높습니다.

달리 말하면 산책할 때 문제를 일으킬 수 있는 개들은 일단 입마개를 씌우는 것 자체가 매우 어렵습니다. 그런데 정부는 입마개를 하라고만 할 뿐, 그 방법을 보호자에게 어떻게 교육할지에 대해서는 아무런 대책도 내놓지 않는 상태인 것이죠.

저는 늘 반려견 보호자들에게 "개한테는 입이 손이다"라고 말하곤 합니다. 우리가 손으로 하는 대부분의 일을 개는 입을 통해 해냅니다. 예를 들어 입으로 소리를 내고 밥을 먹고 의사소통을 합니다. 입을 통해 몸 안의 열도 발산합니다.

입마개는 이런 모든 활동을 방해하므로 본질적으로 개를 불편하게 만듭니다. 그래도 입마개를 씌우려면 보호자가 조금이라도 개를 덜 힘들게 하는 입마개를 선택하고, 개가 불편을 감수하도록 교육할 줄 알아야 합니다.

그런 과정 없이 정부에서 무조건 입마개를 하지 않으면 안 된다는 식으로 강요하면 문제가 생기기 쉽습니다. 상당수 보호자가 입마개를 채우는 데 실패해 아예 반려견 산책을 포기할 수도 있기 때문입니다.

그렇게 되면 개는 산책을 못 하게 되어 스트레스가 쌓이고 그 결과로 다른 문제 행동을 더 많이 일으킬 개연성이 높아집니다. 산책은 개의 가장 기본적인 욕구 중 하나입니다. 이런 분위기가 이어지면 앞으로 우리나라 반려견 문화 전반에 악영향을 미칠 것이 분명합니다.

입마개가 무조건 나쁜 것은 아닙니다. 보호자가 판단하기에 내 반려견이 다른 사람 또는 동물에게 해를 끼칠 수 있다는 생각이 들면 꼭 입마개 교육을 해야 합니다.

입마개 종류와 착용법

오리 입마개 VS 바스켓형 입마개, 어떨 때 사용할까?

산책 시에는 입으로 열을 발산할 수 있도록 구멍이 뚫린 바스켓형 입마개를 사용합니다. 오리 입마개는 개가 싫어하는 발톱 깎기, 귀 청소 등을 해야 할 때만 단시간 사용하는 게 좋습니다.

입마개 어떻게 하면 잘 씌울 수 있을까?

입마개를 착용할 때 가장 중요한 기준이 있습니다. 절대 무리해서 강제로 씌우지 않는 것입니다. 하기 싫은 것을 무조건 강제하면 부정적인 감정이 생겨납니다. 오히려 입마개를 하면 좋은 일이 일어난다는 생각이 들게 교육해야 합니다.

① 입마개를 바닥에 내려놓은 상태로 그 안에 가장 좋아하는 간식을 넣어주세요. 옆에서 해보라고 너무 재촉하지 말고 자기 스스로 안에 있는 간식을 먹을 때까지 기다려주세요. 10분이 지나도 먹지 않는다면 입마개와 간식을 치워

주세요. (약 3일에서 7일 정도 소요.)

② 보호자가 입마개를 들고 그 안에 가장 좋아하는 간식을 넣어주세요. 절대로 억지로 가져가지 말고 개가 스스로 입을 넣을 수 있게 해주세요. 간식이 없는 입마개를 봐도 입을 넣을 정도가 되면 가장 좋습니다. (약 3일에서 7일 정도 소요.)

③ 보호자가 양손으로 입마개 양쪽 끈을 잡습니다. 개가 간식이 있는 입마개에 입을 넣으면 줄을 채우는 척하면서 줄이 목에 닿는 느낌이 나게 해주세요. (약 3일에서 7일 정도 소요.)

④ 3단계까지 익숙해지면 이제 입마개를 채워줍니다. 입마개를 채운 뒤 간식 여러 개를 입마개 사이로 넣어주고 빨리 풀어줍니다. 이런 단계를 반복합니다.

⑤ 입마개를 하고 산책을 나갑니다. 아무리 교육을 해도 처음에는 불편해할 수 있습니다. 그때 싫어한다고 바로 풀어주지 말고 스스로 안정될 때까지 조금 기다려주세요.

거부 반응을 보이면 절대 다음 단계로 넘어가서는 안 됩니다. 조급해하지 말고 차츰차츰 입마개에 익숙해지게 합니다. 익숙해진 뒤에도 입마개를 채울 때 간식으로 보상해줍니다.

반려견에게 뼈를 먹이는 게 좋다?

최근 동물 관련 TV 프로그램에서 논란이 될 만한 이슈로 등장한 문제는 “반려견에게 뼈를 먹이라”는 것입니다. 그동안 수의사들은 반려견에게 뼈를 먹이지 말라고 말해왔는데 일반인들은 이런 상황에서 대체 누구 말을 들어야 할지 혼란스러워집니다. 실제로 그 방송이 나간 뒤 수의사들 사이에서는 대체 이게 무슨 일이냐 하는 말이 많이 나돌았습니다. 사실 수의사들은 매일 동물을 치료하느라 동물 관련 TV 프로그램을 잘 보지 않는 편입니다. 그런데 언제부터인가 뼈 섭취 부작용으로 인한 구토 및 설사 진료, 그리고 식도천공과 장천공 등의 수술이 갑자기 늘어났습니다. 그동안은 아주 가끔씩 보호자의 부주의나 실수로 나타나던 증상이었는데 TV에 관련 내용이 나온 뒤 발생 빈도가 늘어난 것입니다.

뼈를 먹이라고 말하는 사람들의 첫 번째 논리는 "원래 강아지는 뼈를 먹던 동물이었다"는 겁니다. 그래서 "뼈를 줘야만 개의 욕구를 채워줄 수 있다"라고 말합니다.

그렇게 생각하면 우리의 선조인 네안데르탈인 역시 뼈를 먹었다고 하는데 지금 우리는 왜 뼈를 먹지 않을까요? 우선 '뼈 이외에도 맛있는 먹을거리가 많기 때문'입니다. 또한 뼈를 먹는 것은 위험하기도 합니다. 미세하게 날카로운 부위가 그대로 사람 배 속으로 들어가다가 장기를 손상할 수도 있죠.

반려견도 마찬가지입니다. 닭 뼈를 예로 들어보죠. 익힌 닭 뼈는 날카롭게 부서져 식도와 위를 넘어가는 도중에 걸리거나 천공을 유발할 수 있습니다. 식욕이 좋고 성격이 급한 반려견은 큰 뼛조각을 그냥 삼켜버리기도 합니다. 작은 뼛조각은 위산에 녹기도 하지만 덩어리 형태로 뭉쳐 장폐색을 유발할 수도 있습니다. 또한 위벽을 자극해 심한 구토 증상을 불러오기도 합니다. 실제로 저도 얼마 전에 큰 뼛조각에 장이 막혀버린 반려견을 수술한 경험이 있습니다.

반려견이 뼈를 꼭꼭 잘 씹어 먹는다면 별문제가 되지 않느냐고요? 그래도 문제는 발생할 수 있습니다. 뼛조각을 먹으면

변이 딱딱해집니다. 변이 딱딱해지면 어떻게 될까요? 네! 여러분이 모두 알다시피 변비에 걸릴 수 있습니다. 개의 장에는 특히 폭이 좁아지는 부분이 여럿 존재합니다. 뼛조각으로 인해 딱딱해진 변은 좁은 부위에서 잘 막히게 됩니다. 이 경우 병원에 입원해서 관장을 하거나 심하면 수술을 받아야 합니다.

익히지 않은 생뼈는 괜찮다는 말도 있습니다. 네, 맞습니다. 생뼈는 날카롭게 깨지지 않아서 훨씬 안전합니다. 하지만 그래도 부드럽다는 말은 아닙니다. 실제로 닭 생뼈를 치아로 깨물어 본 적이 있는데 생각보다 딱딱했습니다. 치아가 조금 아플 정도였죠. 여기서 다시 문제가 발생합니다. 바로 많은 사람이 익히지 않은 뼈를 먹이면 이빨이 깨끗해진다고 생각한다는 것입니다. 치과 전문 수의사 선생님들은 항상 강조합니다. "이빨 깨끗해지라고 딱딱한 거 주지 마세요!"라고요. 딱딱한 물체를 씹으면 치아 표면의 에나멜층에 상처가 나서 치석이 더 빠르게 끼거나 잇몸에 무리가 갑니다. 기능성 개껌이 대부분 부드러운 것도 바로 그래서입니다.

이런 이유로 미국의 수의사들과 미국 식품의약국FDA에서는 여러 가지 논란이 있음에도 불구하고 반려견에게 뼈를 먹이는 것을 권장하지 않습니다.

간혹 "우리 반려견은 몇 년 동안 뼈를 먹었어도 괜찮은데요?"라고 반문하는 사람들이 있습니다. 그런 사람들에게 이렇게 묻고 싶습니다.

"저도 지금까지 차를 운전하면서 사고 난 적이 없습니다. 하지만 제가 평생 자동차 사고가 나지 않을 거라고 장담할 수 있나요?"

의학이란 결국 '확률 싸움'입니다. 조금이라도 더 안전한 방향을 지향하죠. 자동차 운전처럼 대체할 만한 게 없을 경우, 우

개에게 뼈를 줄 때, 이것만은 지켜주세요!

여러 논란이 있지만 그래도 자기 개에게 뼈를 주는 보호자가 많을 겁니다. 가능하면 먹이지 말라고 권해드리지만 아예 안 되는 건 아니기 때문에 최소한의 주의점만 지켜주세요.

1. 소형견에겐 급여를 피해주세요.
2. 되도록 익히지 않은 뼈를 주고 개의 머리 크기보다 큰 뼈는 피해주세요.
3. 옆에 사람이 없을 때는 뼈를 주지 마세요. 뼈를 먹을 땐 가까운 거리에서 지켜봐주세요.
4. 병원균에 오염되었을 확률이 적은, 믿을 만한 곳에서 구한 뼈를 주세요.
5. 치아 건강에 큰 도움이 안 되고 오히려 악영향을 끼칠 수 있으므로 가능하면 갈아서 주세요.

리는 위험을 감수하고라도 그 행동을 할 수밖에 없습니다. 하지만 치아를 닦거나 욕구 충족을 하기 위한 목적에서라면 훨씬 더 안전하고 좋은 제품과 장난감이 충분히 있습니다. 그렇다면 당연히 더 안전한 방법을 따르는 게 훨씬 더 좋지 않을까요.

아이 있는 집에서 개털은 유죄?

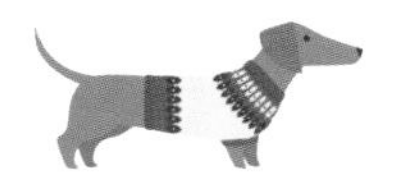

"개를 데리고 자면 개털이 기도로 넘어가서 위험해!"

반려견 보호자 가운데 상당수는 주위에서 이런 경고를 들어 봤을 겁니다. 혹시라도 출산을 앞두고 있다면 이런 이야기를 들은 부부도 많을 것입니다.

"아이랑 개는 한집에 두는 게 아니야. 개털 때문에 아이한테 알레르기가 생길 수 있으니 얼른 개를 다른 집에 보내."

그런데 개털은 정말 그렇게 위험할까요?

얼마 전 아버지의 지인에게 연락이 왔습니다. 손자가 강아지를 너무 좋아해 항상 프렌치 불도그 반려견과 같이 자는데 괜찮은 거냐고 물어왔죠. 그분이 가장 걱정하는 건 혹시라도 개털이 아이 목구멍으로 넘어가서 쌓이지 않을까 하는 문제였습니다. 저는 곧바로 이렇게 말씀드렸습니다.

"그런 일은 절대 일어나지 않으니까 걱정하지 않으셔도 됩니다!"

저도 어릴 때 어디에선가 그런 내용을 본 적이 있습니다. 개와 같이 살면 털을 '마시게' 되고, 털이 기도로 넘어가 쌓여 건강을 해친다는 이야기였습니다.

몇 년 전 강아지와 산책을 하다가 어떤 어르신에게 직접 그런 말을 듣기도 했습니다.

"개랑 같이 살면 기도에 털이 잔뜩 끼어. 그런데도 왜 개랑 같이 살아?"

갑작스러운 물음에 저는 이렇게 말했습니다.

"전 수의사예요. 어르신, 그런 일은 절대로 없어요."

하지만 어르신은 제 말에 아랑곳없이 계속 강아지 털을 문제 삼았고, 그러다가 작은 말다툼까지 이어졌습니다.

한번 생각해봅시다. 개털이 사람 코와 목을 통과해 기도에 쌓이는 게 가능한 일일까요? 사람보다 개털에 더 많이 노출되는 건 다름 아닌 개 자신입니다. 그런데 저는 지금까지 수의사 일을 하면서 개털이 개 기도에 쌓인 걸 본 적이 한 번도 없습니다. 고양이 소화기에서 털이 뭉쳐진 이른바 '헤어볼'이 나올 때가 있긴 합니다. 하지만 이건 혀가 빗처럼 까슬까슬한 고양이가 자기 털을 핥는 행동(그루밍)을 자주 해서 일부 털이 식도를 통과해 들어간 것입니다. 털이 기도에 넘어가 쌓이는 것과는 전혀 다른 문제죠.

우리 호흡기는 매우 강력한 방어기전을 갖고 있습니다. 그래서 외부 물질에 그렇게 쉽게 뚫리지 않습니다. 요즘 우리를 괴롭히는 미세먼지 문제만 떠올려봐도 쉽게 알 수 있습니다. 일반적으로 지름이 10마이크로미터 이하인 입자를 미세먼지, 2.5마이크로미터 이하인 것은 초미세먼지라고 합니다. 미세먼지를 이렇게 정의한 건 10마이크로미터보다 큰 입자는 코와 목에서 걸러져 체내에 침투하지 못하기 때문입니다.

1마이크로미터를 우리가 흔히 아는 단위로 환산하면 '1000분의 1밀리미터'입니다. 10마이크로미터는 1밀리미터 크기 입자를 100개로 쪼갠 것 중 한 조각에 해당합니다. 아무리 시력이 좋은 사람이라도 절대 못 보는 크기입니다. 그런데 눈에 아주 잘 보이는 개털이 우리 코와 목을 통과해 기도에 침입하는 게 가능할까요?

코에서는 코털이 일차적으로 개털이 들어오는 것을 막는 역할을 합니다. 코와 목구멍의 점막 또한 단단한 방패입니다. 가끔 공기가 나쁜 지역에 오래 있다가 코를 풀면 까만 콧물이 나오는데 그건 체내 점막이 큰 먼지 입자를 잡아내기 때문입니다.

개털이 만에 하나 이 방어막을 뚫고 기도에 침범한다고 가정해봅시다. 그때는 자연스레 기침이 나오면서 우리 몸을 보호합니다. 쉬운 예로 사레들렸을 때를 떠올려보면 됩니다. 음식을 먹다가 아주 작은 찌꺼기라도 기도로 넘어갈라치면 우리 몸에서는 반사적으로 기침이 튀어나옵니다. 개털도 마찬가지입니다. 그만한 크기의 물질이 기도와 폐로 넘어가게 놓아둘 만큼 우리 몸은 호락호락하지 않습니다.

그렇다면 개털은 인체에 무해할까요? 올바른 대답은 "사람에 따라 다르다"입니다. 바로 알레르기 때문입니다. 알레르기는 우리 몸의 과민 반응을 일컫는 용어죠. 앞서 설명했듯이 우리 몸의 방어기전은 아주 견고합니다. 개털이 호흡기에 들어가지 못하도록 코털, 점막 그리고 기침까지 겹겹이 막아섭니다. 이런 물리적 방어막이 다 뚫리면 세포적 방어기전이 작동하는데 우리는 이것을 보통 면역 기능이라고 부릅니다.

간단히 설명하면 코털, 점막, 기침 등은 성벽과 철조망에, 세포적 방어기전은 군대에 비유할 수 있습니다. 알레르기는 경계태세가 너무 예민해 굳이 공격하지 않아도 되는 물질에 대포, 총, 미사일 등을 모조리 쏟아붓는 현상이라고 말할 수 있습니다. 최전방을 지키는 군인이 비무장지대에 나타난 사슴 한 마리를 향해 총을 쏘는 형국이라고 생각해도 됩니다. 즉 개털 자체는 사람 몸에 해를 입히지 않는데, 내 안의 군대가 예민하게 반응해 공격할 준비를 하거나 진짜 공격을 퍼부으면 개털 알레르기 증상이 나타나는 것이죠.

여기서 한 가지 더 밝혀둘 사실이 있습니다. 개털 자체가 알레르기를 일으키지는 않는다는 점입니다. 엄밀히 말하면 개털이 아니라 개의 몸에 있는 각질, 침, 체액 등이 알레르기를 유발합니다. 그런데 개털에는 이런 물질이 묻어 있는 경우가 많습니다. 그래서 개털에 접촉했을 때 알레르기 반응이 나타나는 듯 보여 개털 알레르기라고 부르는 겁니다.

출산을 앞둔 부부나 곧 조부모가 될 분들 가운데 반려견 때문에 고민하는 이가 적잖습니다. 그중 상당수가 오랫동안 식구처럼 살아온 개를 출산 직전에 다른 집에 보냅니다. 심지어 그냥 내다버리는 사람도 있습니다. 개털에 대한 걱정에서 나오는 이런 행동은 실상 그래야 할 이유도 없고, 당위성도 없습니다. 수의사로서 다시 한 번 말씀드리지만 개털이 아이 호흡기로 들어가는 일은 생기지 않습니다.

그렇다면 알레르기는 어떨까요? 역시 크게 걱정할 필요는 없습니다. 개랑 같이 사는 게 알레르기 예방 면에서 오히려 유익하다는 연구 결과도 있습니다. 미국에서 18년 동안 565명을 대상으로 연구한 결과는 우리에게 놀라운 사실을 말해줍니다. 신생아가 동물, 특히 개와 함께 자란 경우 개 관련 알레르기 발생률이 50퍼센트 이상 낮아지는 것으로 나타났습니다. 이와 반대로, 어린 나이에 너무 깨끗한 환경에서 키우면 면역세포가 여러 물질을 접하고 '이건 괜찮은 거야'라고 판단하는 방식을 익히지 못해 과민 반응을 보이게 된다는 이론도 있습니다.

하지만 아이의 알레르기 발병 확률을 낮춰보겠다고 임신한 상태에서 개를 데리고 오는 건 좋지 않습니다. 이건 의학적 문제라기보다 서로의 행복과 관련된 문제입니다. 개를 키우는 건 아기를 키우는 것과 같습니다. 아무래도 출산을 하면 개에게 신경을 덜 쓰게 되고, 그러면 개는 문제 행동을 보일 가능성이 높아집니다. 서로 불행해지는 것이죠.

아이가 있는 가정에서 개를 키울 때 더욱 걱정해야 할 것은 털이 아니라 앞에서 말한 안전사고입니다. 보호자들이 이런 사고에 대비해 적절히 교육만 한다면 개로 인해 안전사고가 발생할 위험은 크게 떨어집니다.

사실 개는 우리 주위에 있는 그 어떤 물체보다 안전한 축에 속합니다. 관련 조사에 따르면 부모, 자동차, 침대, 욕조, 식탁이 개보다 아기에게 더 위험한 존재입니다. 개에게 물리는 아기보다 부모의 부주의 또는 학대로 다치는 아기가 더 많은 게 현실이죠.

그런데 성인에게 개 알레르기 증상이 생기면 어떻게 해야 할까요? 앞에 설명했듯 알레르기는 개털 자체가 아니라 거기 묻은 개의 각질, 체액, 침 등에 의해 유발되는 만큼 주기적으로 목욕을 시키는 게 중요합니다. 너무 자주 씻기면 피부가 건조해져 각질이 더 많이 날릴 수 있으니 2주에 한 번 정도 목욕시키는 걸 추천합니다. 공기 중에 떠다니는 각질을 걸러낼 수 있도록 집 안에 공기청정기도 설치하는 게 좋습니다. 단, 이런 방법은 알레르기 유발 원인을 아주 조금 줄여줄 뿐입니다. 그러니 자신에게 개털 알레르기가 있다는 사실을 미리 알고 있는 사람은 애초에 개를 키우지 않는 게 좋습니다.

만약 알레르기가 있는데도 꼭 개를 키워보고 싶다면 되도록 알레르기를 적게 유발하는 견종을 선택하면 됩니다. 달리 말하면 알레르기 유발 물질을 옮기는 개털이 덜 빠지는 종류입니다. 털이 꼽슬꼽슬한 비숑 프리제, 푸들, 꼬동드튤레아, 몰티즈, 시추 등이 상대적으로 알레르기를 적게 유발합니다. 명심할 것은 알레르기를 아예 일으키지 않는 견종은 세상에 없다는 사실입니다.

제한 급식보다
자율 급식이 좋다?

제게 상담하러 오는 보호자 가운데 강아지가 사료를 먹지 않아 고민이라고 말하는 사람들이 많습니다. 사료를 먹지 않으면 당연히 건강이 좋아질 리 없으니 큰 문제입니다. 그러다 보니 매 끼니 사료를 안 먹겠다고 고집을 부리는 강아지와 먹이려는 보호자들 간에 사투가 벌어지곤 합니다.

도대체 왜 강아지들은 보호자가 주는 사료를 거부하는 걸까요?

사실 우리가 강아지에게 사랑을 주는 방식은 대개 인간의 입장에서 나오는 행동입니다. 행복한 반려견을 만들기 위해서는 인간의 방식이 아닌 반려견의 방식으로 사랑해야 합니다. 알고 보면 사료를 거부하는 강아지들은 사료를 먹기 싫다는 신호를 계속 보내고 있습니다. 다만 보호자가 미처 알아채지 못하는 것이죠. 사료를 먹기 싫어하는 강아지에게 자꾸 사료를 먹이려는 보호자의 노력은 오히려 강요처럼 느껴질 수 있습니다. 계속 뒤를 쫓아다니면서 뭘 하라고 강요하면 누구라도 귀찮은 마음이 들기 마련입니다. 그런 부정적인 기억이 쌓이고 쌓이면 결국에는 사료라면 절대로 입에 대지 않는 강아지로 변하지요. 사료를 먹지 않아 공복 상태가 길어지면 결국 강아지는 구토를 하게 됩니다.

항상 놓여 있는 사료가 문제입니다. 365일 같은 자리에 언제나 사료가 놓여 있으면 그게 별로 소중하게 느껴지지 않습니다. 우리가 부모님의 사랑을 본체만체하는 것, 매일 먹는 따뜻한 밥 한 끼에 감사하지 않는 것과 마찬가지 이유입니다. 자율급식을 하면 사료에 식탐이 없는 게 당연합니다. 사료 소중한 줄 모르기 때문이죠. 또 항상 사료가 놓여 있으면 보호자가 없을 때 언제든지 사료를 먹을 수 있으니 보호자가 직접 주는 사료는 거부해도 된다고 생각하게 됩니다.

다른 문제도 있습니다. 사료가 항상 밖에 나와 있으면 공기에 의해 맛과 빛깔이 변하는 산패가 발생합니다. 자율 급식을 하는 보호자들의 특징은 지난번 부어준 사료를 안 먹었다고 해서 새 사료로 바꿔주지 않는다는 것입니다. 다 먹어야 새로 부어주기를 반복하는데 오랫동안 공기에 노출된 사료는 오염 확률이 높아지고 맛도 떨어집니다.

혹시라도 강아지가 밥을 먹지 않는다고 해서 사료가 아닌 고기나 고구마말랭이 등 다른 먹을 것을 주면 마찬가지로 나쁜 버릇이 듭니다. 밥이 귀한 줄 모르고 과자만 찾는 어린아이가 되죠. 그러다가 간식이 없어서 공복 시간이 길어지면 구토를 하는 경향이 있습니다. 보호자가 강아지를 걱정하고 사랑하는 마음에서 주는 음식이 오히려 강아지의 건강을 해치는 원인이 되는 것이죠. 이런 강아지의 특징은 보호자가 깨어 있을 땐 사료를 먹지 않다가 밤이 되어 보호자가 잠자리에 들면 그제야 사료를 먹는다는 겁니다. 공짜 간식 자판기가 문을 닫았다는 사실을 아는 거죠.

그렇다면 과연 어떻게 해야 강아지가 사료를 잘 먹게 할 수 있을까요? 일단 필요 없는 간식을 주지 않는 것이 중요합니다. 그리고 올바른 제한 급식을 시작하는 게 좋습니다.

올바른 제한 급식이란 적절한 양과 적절한 간격으로 사료를 주는 걸 말합니다(어린 강아지와 노령견을 제외하면 하루 2번이 적당합니다). 대개 사료 봉지 뒷면에는 개 몸무게에 맞는 사료 급여

량이 기재되어 있습니다. 봉지에 적힌 몸무게별 사료 정량을 참고해서 하루 두 번 나누어 주는 것이 핵심입니다.

그리고 이때 다양한 장난감을 이용해 사료를 주면 도움이 됩니다. 재미도 느끼고 사료도 먹는 일석이조의 효과를 볼 수 있죠. 실제로 대부분의 동물에겐 사냥하는 본능이 남아 있습니다. 다시 말해, 쉽게 먹는 쪽보다는 어렵게 먹는 쪽을 더 선호합니다. 그래서 밥그릇에 턱 하고 매력 없이 담긴 사료보다는 장난감 같은 곳에 먹기 어렵게 담긴 사료를 선택하는 거죠.

물론 자율배식을 하지 않는데도 끝까지 사료를 거부하는 반려견이 있습니다. 저는 이런 강아지를 미식견이라 부릅니다. 사람 중에서도 입맛이 까다로운 미식가가 있고 저처럼 아무거나 다 맛있게 먹는 막입이 있듯이, 반려견도 마찬가지입니다. 이럴 땐 어떻게 해야 할까요?

일단 처음에라도 몇 번은 관심을 가졌던 사료 3~5개 정도를 종류별로 돌려가며 줍니다. 아무리 맛있는 음식이라도 맨날 먹으면 질리듯이 미식견 중에서 사료를 바꿔가며 줘야만 흥미를 보이는 경우가 있습니다. 또 건식보다는 습식으로 된 사료를 주는 게 좋습니다. 개는 보통 딱딱한 건식 사료보다 습식 사료를 선호하기 때문이죠. 만약 시간적 여유가 된다면 자연식으로 바꿔서 주는 것도 좋습니다. 사료와 자연식에는 저마다 장점이 있습니다. 자연식은 신선하고 믿을 수 있는 재료가 장점이고, 사료는 영양분의 균형이 장점입니다. 사실 영양분의 균형이 맞는 자연식이 돈도 많이 들고 만들기 힘들지만 가장 좋습니다. 단 영양분의 균형을 맞추는 게 여간 까다로운 일이 아니기 때문에 영양학 전문 수의사와 상담한 뒤 레시피를 정하는 게 좋습니다.

개는 엄밀히 말하면 잡식동물에 더 가깝습니다. 그런데 간혹 개는 육식동물이니까 개 사료에 단백질 함량이 높을수록 좋다고 생각하는 사람들이 있습니다. 문제는 단백질 섭취가 과도하면 행동 문제로 연결될 수도 있다는 겁니다. 식사 중 단백질을 과도한 비율로 먹으면 세로토닌의 재료인 트립토판이 뇌로 올라가는 걸 방해하고, 결과적으로 세로토닌 분비를 감소하는 영향을 줄 수 있기 때문입니다. 실제로 이와 관련된 연구 결과도 있습니다. 건사료 기준으로 각각 단백질 함량 18퍼센트, 25퍼센트, 33퍼센트 사료를 먹인 개들의 영역방어 공격성 강도를 연구한 결과 18퍼센트에서 가장 낮고 33퍼센트에서 가장 높았습니다.

물론 과도한 단백질 섭취가 모든 개의 공격성을 증가시킨다고 단언할 수는 없습니다. 공격성을 유발하는 원인은 한둘이 아니고, 과도한 단백질 섭취는 그중 한 요소일 뿐이니까요. 하지만 왜 공격성이 나타나는지 정확히 알지 못한다면, 그리고 그 방법이 어렵지 않다면 한 가지 요소라도 바꿔보는 게 좋지 않을까요?

사료 거부하는 강아지를 위한 풍미 작렬 사료 만들기

1. 사료의 겉면이 촉촉해질 정도로 물이나 우유를 적셔줍니다. 이때 강아지 전용 우유를 사용해주세요.
2. 전자레인지에 10초간 돌리면 완성됩니다. 강아지에게 주기 전에 너무 뜨겁지 않은지 확인해주세요.

외출 시 '다녀올게'라고 인사하는 게 좋다?

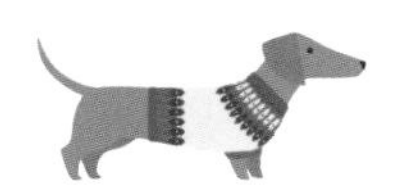

혼자 두면 유독 짖는 반려견 때문에 고민하는 반려인들이 많습니다. 저도 비슷한 고민을 한 경험이 있습니다. 제가 2011년쯤 가족으로 맞이한 비숑 프리제 종인 버블이는 화장실도 잘 가리고 짖지도 않고 모든 것이 좋았지만 한 가지 문제가 있었습니다. 그건 바로 분리불안이었습니다. 부모님이 '짖지 못하는 것 아니냐'고 걱정할 정도였던 버블이는 '개춘기'가 넘어가면서 가족이 외출만 하면 집이 떠나가라 하울링을 하고 울기 시작했습니다. 대체 왜 강아지는 혼자 있을 때 그렇게 짖어대는 걸까요?

보호자들은 대개 이런 행동이 분리불안에서 기인한다고 생각합니다. 하지만 불안하지 않더라도 단순히 심심하다거나 혹은 또 다른 이유에서 비슷한 문제 행동을 보일 수 있습니다. 혼자 남겨져 불안한 심리(분리불안) 때문인지 아닌지 정확히 진단하고 싶다면 보호자가 외출을 준비할 때 강아지가 불안해하며 쫓아다니지 않는지 유심히 살펴보는 게 좋습니다.

사실 제가 수의학과를 다니던 6년 동안에는 학교에서 동물행동학에 관해 단 하나도 배우지 못했습니다(최근 수의과대학에서는 동물행동학을 가르칩니다). 그래서 당시 제가 적용할 수 있는 건 고작 인터넷과 TV에서 배운 방법뿐이었습니다. 거기서 배운 대로 짖으면 곧장 들어가서 혼내기도 하고 짧은 시간 떨어졌다가 차근차근 시간을 늘리는 교육을 하기도 했죠. 하지만 상황은 나아지지 않았고, 오히려 버블이가 저를 피하기 시작했습니다. 짖기만 하면 제가 들어가서 혼냈으니까요.

사실 이제 와 생각해보면 이런 방법은 불난 집에 부채질하는 격이었습니다. 가뜩이나 혼자 남아 불안한 아이에게 가장 믿는 사람이 와서 막 혼냈으니까요. 그때만 생각하면 지금도 버블이한테 너무나 미안한 마음이 듭니다.

그 일을 계기로 저는 반려 문화 선진국에서 강아지들의 행동 문제를 치료하는 방법을 찾아보기 시작했습니다. 미국에서도 혼내는 방법을 쓰긴 했지만, 당시 우리나라에서는 생소한 칭찬을 이용한 교육법이 주였고, 심지어는 행동 약물을 처방하기 도 했습니다.

우선 분리불안의 원인에 대해 알아보죠. 사실 분리불안은 아주 당연한 증상입니다. 사람도 분리불안을 겪습니다. 사람은 보통 생후 6~7개월이 되면 엄마를 알아보고 엄마에게서 심리적 안정을 찾으려 합니다. 생후 7~8개월에 시작해 14~15개월에 가장 강해지고 3세까지 지속됩니다. 만약 3세 이상 어린아이가 여전히 분리불안 증상을 보이면 문제가 있다고 생각합니다. 거꾸로 생각하면 3세 이하의 아기에게는 분리불안이 지극히 정상적인 행동인 것이죠. 문제는 강아지의 뇌가 육체적으로는 다 성장한다고 해도 사람으로 치면 평균적으로 2.5세의 아기와 비슷하다는 점입니다.

그만큼 강아지들에게 분리불안은 어찌 보면 당연한 현상입니다. 특히 개는 무리 생활을 중시하는 동물이니까요. 하지만 여기서도 편차가 나타납니다. 어떤 개는 혼자 남아도 적응을 잘하는 반면 어떤 개는 불안을 참지 못하고 하울링, 짖기, 아무 데나 배변하기, 집 안 어지럽히기 등의 증상을 보이게 됩니다. 요컨대 차이점은 '반려견이 스스로 컨트롤할 수 있는 능력이 있느냐 없느냐'입니다.

그럼 반려견이 스스로 컨트롤할 수 있는 능력을 갖게 하려면 어떻게 해야 할까요? 예측 가능성을 길러주면 됩니다. 쉽게 예를 들어보겠습니다. 여러분이 고속도로에서 운전을 하고 있습니다. 화장실이 무척 급한데, 표지판을 보니 얼마 지나면 휴게소가 나온다고 합니다. 그걸 본다고 해도 참느라 힘들기는 마찬가지겠지만, 최소한 불안감은 줄어들 겁니다. 반면 화장실이 너무 가고 싶은데 표지판이 도통 눈에 보이지 않는다면 어떨까요? 불안이 점점 커져 더욱 힘들어질 것입니다. 바로 이것이 분리불안을 가진 개의 심리입니다.

개는 냄새로 보호자가 언제쯤 돌아올지 예측합니다. 우리가 집을 나가는 순간 집에 남아 있는 우리 냄새가 줄어들기 시작하죠. 개들은 "이 정도 줄어들면 보호자가 돌아오겠지" 하고 짐작합니다. 문제는 집에 혼자 있어본 경험이 적어 이런 예측조차 할 수 없는 개들입니다. 이 아이들은 마치 화장실에 가고 싶은데 얼마나 더 가야 휴게소가 나올지 몰라 불안한 운전자처럼 불안한 감정을 갖게 됩니다. 그래서 보통 고정적으로 출퇴근을 하지 않고 간헐적, 불규칙적으로 외출하는 보호자 가정의 개가 분리불안 증세를 보이는 경우가 많습니다. 이걸 증명하는 일이 최근에 있었습니다. 세계적으로 분리불안이 큰 문제가 되었던 사건, 바로 코로나19 팬데믹과 엔데믹 이야기입니다.

코로나19가 확산하면서 한동안 수많은 사람이 재택근무에 돌입했죠. 개들 입장에서 보면, 보호자가 주기적으로 출퇴근할 때는 맨날 답을 아는 시험을 보고 있었습니다. “우리 가족은 아침 이 무렵에 나가서 저녁 이 무렵이 되면 돌아올 거야…. 힘들지만 그 정도만 참으면 돼.” 그런데 어느 순간 보호자가 출근하지 않게 된 겁니다. 시험을 매일 보다 안 보게 되니 정답 풀이법을 잊은 아이들은 나중에 보호자가 다시 출근하게 됐을 때 예측 가능성을 잃고 불안해지기 시작한 거죠.

그럼 이런 분리불안은 어떻게 치료할 수 있을까요?

우선 여러 매체에 나오는, 정말 잘못된 방법부터 짚고 넘어가겠습니다. 바로 개를 무시하는 방법입니다. 많은 사람들이 분리불안은 우리가 반려견을 너무 예뻐하고 자주 만지며 안아주고 같이 자는 바람에 생긴다고 합니다. 아주 잘못된 생각입니다. 미국에서는 같이 자는 것과 분리불안이 아무 상관없다는 것을 보여주는 연구결과가 나오기도 했습니다. 당연합니다. 예뻐하는 것이 문제가 아니라, 앞서 말씀드린 것처럼 예측 가능성이 있는지가 가장 중요하니까요.

헝가리와 독일의 공동연구에 따르면 보호자가 개를 무시하는 성향이 강할수록 개의 분리불안이 심해집니다. 생각해 보시죠. 우리가 세 살 정도 나이 때 부모님이 아무 설명도 없이 갑자기 나를 밀어낸다면 어떻게 될까요. 눈도 마주치지 않고 해달라는 것도 안 해주면 그 누가 "나 이제 독립하고 혼자 있을 수 있어!"라는 생각을 하겠습니까. 만약 그렇게 된다고 하더라도, 그럴 거면 반려견을 왜 키울까요? 개들 입장에서는 보호자와의 불안정한 신뢰관계를 개선하고자, 스스로의 생존을 위해 오히려 더 달라붙으려 할 수밖에 없습니다. 보호자가 외출하면 "정말 돌아오지 않으면 어떡하지?"라는 생각을 갖게 될 겁니다. 이렇게 조금만 생각해 보면, 그리고 전문적인 연구결과를 봐도 '무시'는 결코 분리불안을 해결하는 솔루션이 될 수 없습니다. 오히려 상황을 악화시킬 수 있다는 점을 명심해야 합니다.

대부분의 행동학 치료는 3M을 기본으로 합니다. 즉 관리Management, 교육Modification, 약물 투여Medication입니다. 많은 행동문제는 바로 이 3M이 조화롭게 잘 이루어져야 치료가 되는데, 분리불안의 경우는 더욱 그렇습니다.

여기서는 일단 관리 측면에서 분리불안 증상을 완화하는 방법을 살펴보겠습니다.

저는 분리불안 증세를 호소하는 보호자에게 가장 먼저 이렇게 물어봅니다.

"혹시 주변에 믿고 맡길 수 있는 곳이 있나요? 그곳에서 아이가 즐겁게 놀아요?"

모든 문제 행동이 그렇지만 치료가 될 때까지는 다시 그 상황에 노출하지 않는 것이 현명합니다. 교육을 한다고 다시 오랫동안 외따로 떨어지는 경험을 한다면 도리어 증상이 악화할 수 있기 때문입니다. 그래서 항상 주변에 병원, 유치원, 펫시터 등 보호자가 없을 때 믿고 맡길 만한 곳이 있는지 알아봅니다. 이때 그런 장소에서 반려견이 잘 적응하는지가 관건입니다. 만약 보호자 이외에 다른 사람이 있는 상황에서 마찬가지로 불안해한다면 이런 방법은 보호자의 문제만 해결해주고 반려견의 불안은 해결해주지 못하는 쓸모없는 임시방편이 되고 맙니다.

관리 측면에서는 외출할 때의 준비 행동도 중요합니다. 문제 행동은 어느 하나의 특정 불안 요소가 일으키는 것이 아닙니다. 불안을 가중하는 환경과 우리의 행동이 하나하나 쌓여서 임계치를 넘기는 순간 문제 행동이 나타납니다. 그러므로 혹시라도 가족들의 외출 준비에 원인이 있는 건 아닌지 의심해볼 필요가 있습니다.

일반적으로 분리불안 증상을 완화하기 위해서는 외출 준비에 들어가는 행동을 최소화하는 편이 좋습니다. 어떤 트레이너는 나갈 때 "다녀올게, 기다려" 하고 말하고 강아지를 안정시켜주라고 하는데, 이건 좋지 않은 방법입니다. 우리가 "다녀올게, 기다려"라고 말하고 나서 하는 행동이 바로 반려견이 가장 싫어하는 가족들의 외출로 이어지기 때문입니다. 강아지 입장에

“월광소나타를 들으면
왠지
편안해져.”

서 생각해보면, 그런 말이 나온 뒤 언제나 혼자 외롭게 남겨지게 되는 겁니다. 따라서 오히려 불안을 달래는 행동이 불안을 조금씩 가중하고 문제 행동을 더 크게 만들 위험이 있습니다.

참고로, 즉각적인 효과는 없지만 개들이 안정을 느낄 수 있는 관리 방법이 있습니다. 바로 음악을 틀어주는 것입니다. 유튜브에서 'dog calming music'을 검색하면 8~10시간 동안 연속 플레이가 가능한 노래가 나옵니다. 실제로 여러 논문에서는 피아노 솔로곡을 들은 강아지의 경우 심박수가 안정적이 된다고 말합니다. 하지만 음악을 틀어주는 건 밑져야 본전일 뿐이고 큰 기대를 할 수는 없습니다. 다만 아주 어렵지 않고 부작용이 없다는 게 장점입니다. 또 분리불안을 가진 강아지는 소음 민감도가 높은 편인데, 이때 노래를 틀어주면 외부 소음을 일정 부분 막는 역할도 할 수 있습니다(노래뿐 아니라 백색소음을 틀어주는 것도 좋습니다).

또 하나의 관리 방법은 먹이 급여 장난감을 이용해 최대한 즐길 거리를 던져주는 것입니다. 시중에 다양한 방식의 먹이 급여 장난감이 나와 있으니 식욕이 좋은 반려견이라면 활용해도 좋습니다. 하지만 분리불안이 심한 강아지 가운데 불안한 마음에 식욕까지 떨어져 아무리 맛있는 것이 있어도 먹지 않아 소용이 없는 경우도 있습니다(중요한 시험이나 인터뷰를 앞두고 식욕이 떨어지는 것과 같습니다).

마지막으로 중요한 것은 약물입니다.

솔직히 저는 분리불안을 해결하려면 수의사의 도움이 필요하다고 생각합니다. 우리나라 같은 주거환경에서는 더욱 그렇습니다. 앞서 분리불안의 해법으로 제시한 예측 가능성을 갖게 하려면 어떻게 해야 할까요? 보호자의 외출 경험을 꾸준히 축적시켜 개가 스스로 "아! 이 정도면 돌아오는구나"라고 짐작할 수 있게 도와줘야 합니다. 단, 여러 매체에서 솔루션으로 소개하는 "기다려" 신호를 주고 나갔다 들어오는 정도로는 이런 예측 가능성을 갖게 하기 힘듭니다.

그렇다고 무작정 아이들을 두고 외출할 수도 없는 게 현실이죠. 개들이 불안감에 짖고, 울고, 그걸 보는 보호자도 힘들어지니까요. 대부분 공동주택에 거주하는 우리나라 환경에서 이런 상황은 이웃들까지 고통에 빠뜨릴 수 있습니다. 이때 가장 효율적인 개선 방법은 항불안제 투여입니다. 수의사가 안전한 약물을 처방해 보호자가 외출할 때 먹이도록 합니다. 그 과정에서 아이들이 "어! 별로 불안하지 않네. 그리고 우리 가족 냄새가 이 정도 줄어들면 가족들이 돌아오는구나!"라는 예측 가능성을 스스로 갖게 도와주는 것이 좋습니다.

사실 분리불안에 대한 연구 결과와 논문은 아주 많습니다.

하지만 지금까지도 정확한 원인과 이유에 대해서 증명된 것은 딱 하나뿐입니다. 바로 이른 시기에 모견과 떨어지는 경우입니다. 연구 결과 6주 이전에 모견과 떨어진 강아지들은 8주까지 모견과 함께 자란 강아지에 비해 분리불안 증상을 나타낼 확률이 현저히 높았고 공격성 등의 다른 문제 행동을 보일 확률도 훨씬 높았습니다. 우리나라의 분양 환경상 6주 이전에 모견과 떨어지는 경우가 많아서 분리불안 증세도 많이 나타날 수밖에 없는 상황인 것이죠.

분리불안이 있는 아이를 위한 외출 시 팁

1. **백색소음 또는 클래식 음악 틀어주기**
   어느 집에나 하나씩 있는 쓰지 않는 스마트폰을 블루투스 스피커와 연결한 뒤 유튜브에서 'white noise' 또는 'dog calming music'을 검색해 개가 주로 머무는 장소나 소음이 들어오는 곳에 틀어줍니다.
2. **마음을 안정시켜주는 페로몬 목걸이 채우기 또는 압박옷 입혀주기**
   모견에서 느낄 수 있는 페로몬을 담은 목걸이를 채워주면 안정을 느낄 수 있습니다. 또 사람이 포옹을 하면 마음의 안정을 느끼듯 가슴 부분을 압박해주는 옷을 입히면 어느 정도 불안을 낮출 수 있습니다(하지만 너무 큰 기대는 하지 않는 것이 좋습니다).

분리불안에 관한 잘못된 정보 바로잡기

1. 침대에서 같이 자면 분리불안이 생긴다?

분리불안에 관한 어떤 연구 결과에서도 침대에서 같이 자기와 분리불안의 연관성은 발견되지 않았습니다. 침대에서 같이 잔다고 분리불안을 더 보이는 것도, 침대에서 같이 안 잔다고 분리불안을 보이지 않는 것도 아닙니다. 단, 같이 자지 않는 연습을 해볼 필요는 있습니다. 같은 공간에 있을 때 조금 떨어져서도 불안해하지 않고 안정하는 연습을 해보세요.

2. 분리불안이 있는 개는 같이 있어도 무시해야 한다?

보호자의 과잉 애정이 분리불안을 유발할 수는 있지만 분리불안을 해결하겠다고 계속해서 무시하는 것은 아주 잘못된 행동입니다. 계속해서 무시하면 오히려 서로에게 상처를 주고 심리적 불안감을 더 키울 뿐입니다. 보호자는 자신의 반려견이 심리적 안정감을 느낄 수 있도록 도와줘야 합니다. 심리적 안정감은 무조건 잘해준다고 생기지 않습니다. 보호자에게 일정한 규칙이 있고 그 규칙이 예외 없이 잘 지켜질 때 심리적 안정감을 느낍니다. 무조건 잘해주는 것도 무조건 무시하는 것도 좋지 않습니다.

3. 집 안을 엉망으로 만드는 것은 분리불안이다?

분리불안의 3대 증상은 하울링을 포함한 짖기, 배변배뇨 실수, 집 안 엉망으로 만들기입니다. 그래서 많은 보호자가 집 안을 엉망으로 만드는 것만 보고 내 반려견이 분리불안을 보인다고 생각합니다. 하지만 그게 분리불안 증상이 아닐 수도 있습니다! 그저 혼자 있는 것이 심심해서 그럴 수도 있습니다. 이런 상황은 분리불안이 아닌 분리 관련 문제입니다. 두 가지를 꼭 구별해야 하는 것은 문제 행동의 해결 방법 자체가 달라질 수 있기 때문입니다.

4. 분리불안을 해결하려고 다른 강아지를 데리고 온다?

자기 반려견이 분리불안을 보인다고 다른 강아지를 더 데려와 키우는 사람들이 있습니다. 우리 강아지가 외로움을 타니까 친구나 동생을 만들어줘야겠다고 생각하는 겁니다. 하지만 대부분의 개가 느끼는 외로움은 보호자를 향한 감정입니다. 절대로 자신이 못하는 것을 다른 강아지가 대신하게 만들어서는 안 됩니다. 그런 마음가짐으로 한 마리를 더 데리고 오면 보통 더 안 좋은 상황이 만들어집니다. 외로운 강아지 둘이 생기니까요.

5. 3대 증상이 없으면 분리불안이 아니다?

분리불안의 3대 증상이 없다고 개가 불안을 느끼지 않는 것은 아닙니다. 실제로 분리불안 증상이 전혀 없는 개들의 혈액을 검사해본 결과 스트레스호르몬 수치가 높게 나타났습니다. 또한 3대 증상 이외에 다른 형태가 나타날 수도 있습니다. 외출 후 돌아왔더니 오줌은 아닌데 바닥에 물이 있거나 가슴팍이 축축하게 젖어 있는 경우가 그렇습니다. 불안을 못 이겨 침을 너무 많이 흘렸기 때문이죠.

짧은 산책줄이 사고를 부추긴다

저는 보호자들에게 "개와 다닐 때 절대 손을 놓지 마세요"라고 자주 이야기합니다. 강아지의 뇌는 사람으로 치면 평균 두 살 반에서 세 살 수준입니다(보더 콜리 등 일부 견종은 5세 수준까지 발달하는 경우도 있다고 합니다).

흔히 다 자란 개가 말썽을 부리면 "넌 다 큰 애가 왜 그러냐" 하면서 탓하곤 하는데, 사실 개는 다 커도 애라고 생각하면 됩니다. 같이 다닐 때 꼭 손을 잡고 다녀야 하는 이유입니다.

산책줄은 개의 손과 같습니다. 반려견이 평소 얌전하다고 마음을 놓아서는 안 됩니다. 갑자기 큰 소리가 들리거나 고양이가 뛰어가면 돌변해 이성을 잃고 보호자가 통제하기 어려운 상황에 놓일 수 있습니다. 다른 사람뿐 아니라 내 반려견의 안전을 위해서도 야외에서는 반드시 산책줄을 해야 합니다.

하지만 동물은 대부분 자기 몸이 어딘가에 속박당하는 걸 좋아하지 않습니다. 마치 제가 좋아하는 영화 〈혹성탈출〉에서 주인공 시저가 자기 목에 달린 목줄을 끊어버리고 싶어 하는 것처럼 말입니다. 개도 마찬가지로 목줄을 싫어합니다. 속박당하는 느낌이 들기 때문이죠. 간혹 산책줄에 의한 공격성leash aggression이 나타날 수도 있습니다. 산책줄이 없으면 산책도 잘하고 공격성도 드러내지 않는데 산책줄에 매일 때만 공격성이 눈에 띄는 증상입니다. 그래서 몇몇 아이들은 오히려 긴 줄을 사용하면 공격성이 줄어드는 경우가 있습니다. 하지만 현재 우리나라 법이 허용하는 산책줄 길이는 최장 2m입니다. 결국 이 문제를 해결할 방법은 꾸준한 교육밖에 없는 셈이죠.

일단 왼손 손목에 줄을 걸어 빠지지 않게 하고 오른손으로 줄의 길이를 조절하면 편합니다. 줄의 길이를 줄여야 할 상황에서는 손목에 꽁꽁 휘둘러 감지 말고 8자 형태로 늘어뜨리면서 가지런히 정리해 왼손으로 살짝 쥐는 게 좋습니다. 그래야 원상태로 복귀할 때 줄이 자연스럽게 빠져나가면서 최대한 구속받는 느낌을 줄일 수 있습니다. 줄로 행동을 제어할 때도 천천히 뒤로 당기고 균형을 맞춰준 뒤 바로 줄을 풀어주어야 합니다(유튜브 등에 BAT Behavior Adjustment Training를 검색하면 관련된 동영상이 많이 있으니 참고해보세요).

다시 처음으로 돌아가보죠. 사실 개 물림 사고는 매우 다양한 유형으로 발생합니다. 미봉책보다는 근본적인 대책을 고민해야 하는 이유가 바로 이것입니다.

반려견과 관련된 모든 문제를 해결할 수 있는 가장 좋은 방법은 교육입니다. 문제를 일으킨 개에 대한 교육만 얘기하는 게 아닙니다. 앞서 지적했듯 개는 다 자라도 인간으로 치면 세 살 수준의 '아이'입니다. 세 살배기 아이가 문제를 일으키면 아이뿐 아니라 보호자도 교육을 받아야 합니다. 반드시 어렵고 까다로운 트레이닝법을 가르쳐야 한다는 게 아닙니다. 보호자가 강아지의 본능과 언어 행동 등만 이해해도 많은 문제가 해결됩니다. 그리고 여기에는 시민 개개인은 물론 국가적 노력도 필요합니다.

미국에서는 학교에서 개에 대해 가르칩니다. 그래서인지 반려견 보호자의 펫티켓이 좋은 편이고, 보통 사람들도 강아지가 주위를 지나다닐 때 만지려 하거나 두려워서 피하는 과잉 반응을 보이지 않습니다. 앞서 말했듯이 독일의 일부 지역에서는 개를 키우려면 몇 가지 필수 교육을 반드시 이수해야 하고요.

그런데 우리나라는 어떤가요. 우리나라는 반려견 진료비 등에 부가가치세가 붙는 세계에서 몇 안 되는 나라입니다. 부가가

치세를 내는 것 자체는 괜찮습니다. 하지만 우리 정부가 이 돈을 유기견 보호 및 반려견 관련 사업에 제대로 투자하고 있는지는 꼭 따져 묻고 싶습니다. 유기견 증가와 개 물림 사고 등으로 인한 사회적 비용은 만만치 않습니다. 반려견 보호자에게 걷은 부가가치세를 보호자 교육 등에 투자한다면 입마개 착용 의무화, 산책줄 길이 제한보다 훨씬 좋은 효과를 볼 수 있다고 확신합니다.

산책 시 올바른 넥칼라, 하네스, 산책줄 고르기

1. 개에게 위해를 줄 수 있는 초크체인, 프롱칼라, 전기충격줄은 피합니다.
2. 기본적으로 하네스를 선택하되 하네스를 너무 싫어하면 푹신한 넥칼라를 사용합니다.
3. 입기 편한 옷과 불편한 옷이 있듯이 하네스에도 기호가 있습니다. 유난히 싫어하거나 불편해하면 하네스를 바꿔봅니다.
4. 자동 줄 감김 장치보다는 일반 줄 제어법을 먼저 배워 사용해봅니다.

기본 하네스의 종류 하네스에는 H형 하네스, T형 하네스, 옷 모양 하네스가 있습니다. 산책 시에 하네스를 잘 푸는 아이라면 T형 하네스가, 보호자를 너무 끌어당겨서 제어하기 힘들다면 프론트 클립 하네스(앞고리 하네스)가 좋습니다(단점은 앞다리에 줄이 자주 걸린다는 것). 공격성을 제어하기 위해 초크체인, 프롱칼라 등의 넥칼라 사용을 고려한다면 고통을 주지 않는 헤드홀터(머리 리드줄)를 이용해보세요.

중성화 수술은 반드시 해야 할까?

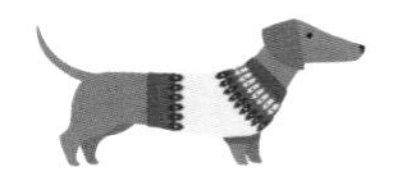

요즘에는 중성화 수술이 필수라고 말하는 사람이 많습니다. 많은 보호자들이 그렇게 생각하고 있죠. 특히 이른바 '개춘기'에 행동 상담을 받으면서 중성화 수술을 먼저 요청하는 경우가 많습니다.

저는 중성화 수술에 대해서는 일반적으로 하는 게 낫다고 생각합니다. 중성화 수술을 통해 자궁축농증이나 유선종양을 예방하고 기대 수명을 늘릴 수도 있습니다. 동물의 성적 욕구를 해소해줄 수 없다면 중성화 수술을 해주는 편이 보호자나 반려견 모두 행복해지는 길일 겁니다.

중성화 수술을 하지 않은 수컷 강아지의 경우 더 공격적이고 다루기 힘들 때가 많습니다. 특히 개춘기가 오면 갑자기 낯선 사람을 향해 짖기 시작하거나 자신의 영역을 침범하는 사람을 공격하는 경우도 있습니다.

개는 대뇌 전두엽이 사람만큼 발달하지 않아서 이성적인 판단과 행동을 잘하지 못합니다. 오랜 시간 교육을 하면 능력이 올라가긴 하지만 그래도 성적인 끌림은 중성화하지 않은 개에게는 모든 것을 이길 만큼 커다란 자극입니다.

수컷은 주기적인 발정기가 없습니다. 만약 중성화 수술을 하지 않은 수컷이 발정 난 암컷을 만날 경우, 강아지들이 어떤 돌발 행동을 할지 모르므로 항상 주의해야 합니다. 예를 들어 수컷이 아직 승가 허용기(암컷 강아지가 수컷 강아지가 올라타도록 허용하는 시기)가 아닌 암컷에게 접근하면 물릴 위험이 있습니다. 또 승가 허용기일 경우, 강아지들은 한번 교미를 시작하면 해부학적 구조상 사람이 떼어낼 수 없습니다. 이 때문에 다른 암컷 보호자에게 원치 않는 새끼를 만들어주는 사고가 발생할 수도 있죠. 항상 이런 위험성을 생각하면서 관리해주어야 합니다.

하지만 중성화가 '필수'라고 말하기는 어렵습니다. 저는 보호자가 원하지 않으면 억지로 중성화를 권하지 않고, 그 대신 중성화를 하지 않았을 때의 유의점과 그에 따른 관리 방법을 알려드립니다.

간혹 유럽 쪽에서는 중성화를 시키지 않는 비율이 높다고 알고 있는데, 이건 반은 맞고 반은 틀린 말입니다. 유럽 내에서 반려견의 중성화 수술은 각 나라의 반려동물 문화와 유기동물 문제, 법적 요소 등이 복잡하게 얽히고설켜 결정됩니다. 그래서 나라마다 차이가 있습니다.

중성화 비율이 낮은 곳은 스웨덴 같은 북유럽 국가입니다. 전통적으로 북유럽 국가들의 반려동물 문화는 '있는 그대로 키우자'라는 자연주의적 경향이 아주 강합니다. 특히 스웨덴은 중성화 수술을 할 때 반려견의 건강과 행동 문제를 종합적으로 평가해 반려인이 아닌 수의사의 판단 아래 실시하도록 법으로 규정하고 있습니다. 그래서인지 스웨덴은 중성화 비율이 7퍼센트에 불과합니다. 70퍼센트 정도인 미국에 비하면 현저히 낮죠.

이와 반대로 같은 유럽인 영국은 68퍼센트의 반려견이 중성화 수술을 하고 있습니다. 통계자료를 살펴봤을 때 영국 반려견의 중성화 여부는 경제적 차이가 가장 큰 원인을 차지합니다. 소득계층별로 분석해보면 반려인의 소득이 높을수록 반려견의 중성화 비율(75퍼센트)이 높고, 소득이 낮을수록 중성화 비율(25퍼센트)은 낮습니다. 참고로 우리나라는 중성화 비율이 30퍼센트로, 그리 높지 않은 축에 속합니다.

이쯤에서 우리가 반려견 중성화 수술을 하는 이유를 진지하게 생각해볼 필요가 있습니다. 중성화를 하는 이유는 크게 두 가지입니다. 첫 번째는 의학적 문제를 예방하기 위해서고, 두 번째는 행동학적 문제를 예방하기 위해서입니다. 일부 유럽 국가에서 중성화 비율이 낮은 이유는 그중에서 행동학적 문제와 깊은 연관이 있죠.

유럽 문화를 직접 경험하고 온 수의사들은 대개 그들의 반려견 교육에 대한 인식에 깜짝 놀랍니다. 현재 우리나라에서 진보적 반려동물 문화로 인식되는 반려견 예절 교육이 이미 그들에게는 일상적인 반려 문화이자 보호자의 당연한 의무로 받아들여지고 있기 때문입니다.

유럽은 반려견이 가족들과 지내는 시간이 우리나라와 비교해 아주 깁니다. 심지어 우리가 말하는 반려견 호텔링, 펫시터 서비스 이용 빈도도 그리 높지 않습니다. 어디를 가든 반려견과 함께하고 여행도 같이 다니는 경우가 많죠. 이런 반려 문화의 차이가 중성화를 하지 않음으로써 생기는 문제, 예를 들어 본능적 행동, 공격성, 그리고 그로 인해 버려지는 유기견 문제를 어느 정도 예방하는 것입니다.

하지만 유기동물 문제가 심각한 나라는 조금 다릅니다. 1867년 뉴욕에서는 거리를 활보하는 유기견이 너무 많아 사회적으로 문제가 될 정도였습니다. 정말 잔인하게도 그런 유기견을 한 번에 50여 마리씩 케이지에 넣어 강에 빠뜨려 익사시켰죠. 그 후에도 미국에서는 유기동물 문제가 계속해서 제기되었습니다. 1970년에는 2400만 마리의 개와 고양이가 안락사당했죠. 그런데 2007년이 되면 안락사당하는 동물의 수가 400만 마리로 급격하게 줄어듭니다. 바로 중성화 수술의 필요성에 대한 사회적 공감이 확산되었기 때문입니다.

사회 전체적으로 봤을 때 유기견 문제를 해결하는 가장 좋은 방법은 중성화 수술입니다. 전 세계적으로 강아지를 유기하는 원인 가운데 첫 번째를 차지하는 것은 행동학적 문제입니다. 개들이 버려지는 이유의 50~60퍼센트를 차지하죠. 중성화 수술은 공격성 등의 행동 문제를 예방해 버려지는 비율을 낮출 뿐만 아니라 원치 않는 임신을 막아 개체 수 조절에도 중요한 역할을 합니다. 실제로 중성화 비율이 낮은 몇몇 유럽 국가도 최근 유기동물 문제가 부각되면서 중성화를 권하거나 중성화를 해야만 분양받을 수 있는 법을 제정하기도 했습니다.

중성화 수술과 관련해 마지막으로 하나 더 하고 싶은 말이 있습니다. 대개 중성화 수술을 한 반려견의 수명이 더 길다고 하면 많은 사람이 이렇게 말합니다.

"그렇게 사느니 빨리 죽는 게 낫겠어요."

아마 보호자들이 반려견의 중성화를 안타까워하는 건 인간이 성적 욕구를 매우 중요하게 생각하기 때문일 겁니다.

하지만 개들의 발정 스트레스를 생각하면, 이런 거부감은 과도한 감정이입에 따른 의인화 사례로 볼 수 있습니다. 중성화 수술을 하는 게 잔인하다고 말하면서, 발정 난 개의 본능을 풀어주지 않고 스트레스를 받게 하는 건 괜찮다고 할 수 있을까요? 개들의 발정 스트레스는 인간이 성적 욕구를 해소하지 못하는 것과는 아예 차원이 다릅니다. 더욱이 개는 중성화 수술의 의미를 알지 못합니다.

그렇기 때문에 저는 진정으로 개를 생각한다면 성기능 상실 측면보다는 수술로 인한 통증을 걱정하는 게 더 맞다고 조심스럽게 말하고 싶습니다. 게다가 최근에는 수의학이 발달해서 수술 후 통증도 걱정할 거리가 못 됩니다.

물론 반려견의 발정 스트레스를 없애주는 것이 좋은지, 욕구를 느껴도 해소하지 못하는 상태로 두는 것이 좋은지는 전적으로 보호자의 판단에 달려 있습니다.

모든 동물행동학 전문가들은 동물 문제 행동의 원인 가운데 첫 번째로 '사람의 인식'을 꼽습니다. 즉 동물에게는 본능적이고 자연스러운 행동을 사람이 문제로 인식한다는 얘기입니다. 결국 인식의 전환을 통해 사람과 반려견이 서로 행복하게 살 수 있는 현명한 타협점이 필요하다고 할 수 있습니다.

PART 3

개는 '사람'이 아니다

강아지의 슬픈 표정에 담긴 진실

한번 강아지의 입장에서 생각해봅시다. 가족이 모두 외출하고 혼자 남겨진 강아지는 온종일 가족을 기다립니다. 시간이 지나면 드디어 사랑하는 가족이 돌아옵니다. 강아지는 기쁨에 넘쳐서 보호자에게 달려가 "왜 이제 왔어요" 하고 말하며 흥분합니다.

그런데 갑자기 '엄마'가 화난 표정을 짓더니 자기를 '정체불명의 액체'가 흥건한 장소에 데리고 가 혼냅니다. 이유를 알지 못하는 강아지는 엄마가 오랜 시간 외출하고 돌아오면 반드시 자신을 혼낸다고 생각하게 됩니다.

강아지 입장이 되어 살펴보니 어떤가요? 강아지는 특정 행동과 그에 따른 결과가 바로 연결돼야 인과관계를 이해합니다. 오줌을 싸고 한참 뒤 그 장소에 데려가 혼낼 경우, 현장에 오줌이 남아 있어도 자신이 왜 혼나는지 결코 알지 못하는 거죠. 그러니 보호자가 돌아오는 소리가 들리면 일단 숨고 봅니다. 그리고 '무언가 잘못한 표정'을 짓습니다.

이때 주의해야 할 게 있습니다. 이 표정이 진짜 내가 무엇을 잘못한 줄 알아서, 혹은 죄책감 때문에 짓는 것이 아니라는 점입니다. 자세히 살펴보면 대부분 강아지가 스트레스를 받았을 때 보이는 표정인 경우가 많습니다. 보호자의 반응에 대해 불안과 스트레스를 느낀다는 것이죠. 또 강아지들은 자기가 어떤 표정을 지으면 보호자가 덜 혼내는지 기억합니다. 보호자가 혼을 내기 시작하면 일단 이유를 몰라도 그 표정을 짓는 거죠. 학습 효과 때문입니다. 마치 제가 연애할 때 여자친구가 화를 내면 우선 상황을 모면하려고 "미안해"라고 말해놓고 보았던 것과 같습니다.

사실 조금만 생각해봐도 강아지가 아무 데나 오줌을 싸는 행동이 보호자에 대한 복수가 아니라는 걸 쉽게 눈치챌 수 있습니다. 복수하자고 마음먹으면 날카로운 이빨이나 발톱을 쓰면 되는데 왜 굳이 방광을 이용해 공격할까요? 또 왜 복수 대상이 있을 때 보란 듯이 하지 않고 없을 때 몰래 할까요?

보호자 중에는 이렇게 설명해도 그 차이점을 받아들이지 않는 사람이 적지 않습니다. 그래서 이렇게 반박하기도 합니다.

"당신이 뭘 잘 몰라서 그러는데 우리 아이는 분명히 죄책감을 느낀다고요!"

물론 제가 잘 모를 수는 있습니다. 다만 지금까지 동물행동학계의 연구 결과가 그렇다고는 말씀드릴 수 있습니다.

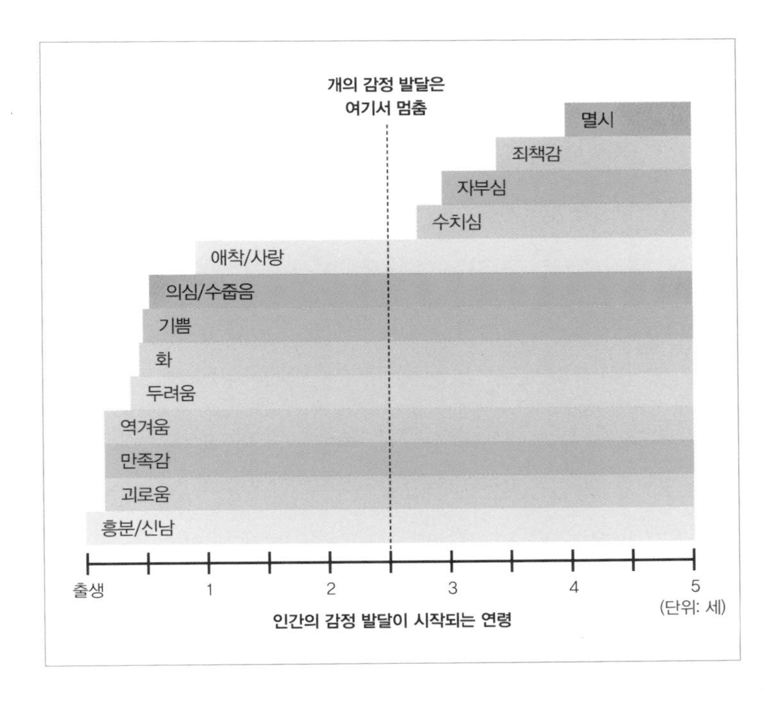

미국의 유명 심리학자 스탠리 코렌Stanley Coren은 강아지의 뇌를 연구한 뒤 사람으로 치면 만 2.5세 수준에서 성장이 멈추는 게 일반적이라고 밝혔습니다. 그러면서 그 또래 인간이 갖는 감정을 통해 강아지의 감정을 유추할 수 있다고 말했죠. 연구에 따르면 사람은 만 1세 정도면 흥분, 스트레스, 만족, 혐오, 두려움, 화, 즐거움, 의심, 사랑 등의 감정을 갖습니다. 또 3세가 넘어가면서 부끄러움, 자신감, 죄책감, 경멸, 무시 등의 감정을 갖게 됩니다. 이에 비춰보면 평균적인 강아지는 복수심이나 죄책감 같은 고등 감정을 갖기 어렵다는 걸 알 수 있습니다.

그런데도 우리가 반려견이 복수한다거나 죄책감을 느낀다고 생각하는 건 '의인화' 때문입니다. 의인화는 인간 이외의 존재에 인간적 특색, 특히 인간의 정신적 특색을 부여해 인간과 견주어 해석하려는 경향을 의미합니다. 우리가 강아지의 감정 발달에 대해 잘 알지 못하고, 또 제대로 알려는 노력도 하지 않다 보니 그저 우리 편한 대로 강아지를 바라보는 것입니다.

마음을 열고 수의학계의 연구 결과를 받아들이면 강아지에 대해 새로운 관점을 얻을 수 있습니다.

'내가 집을 떠난 뒤 얼마나 불안했으면 자기 의지와 관계없이 배변까지 했을까?'

'혼나는 게 얼마나 무서우면 자기가 왜 혼나는지도 모르면

서 무조건 불쌍한(죄책감을 느끼는 듯 보이는) 표정을 지을까?'

이렇게 생각해야 강아지의 분리불안을 치료하려는 노력을 시작할 수 있고, 결과적으로 사람과 강아지가 서로 좀 더 이해하며 진정으로 소통할 수 있게 됩니다.

보통의 경우 반려견 보호자의 의인화는 역지사지라는 좋은 감정에서 출발합니다. 하지만 상대방에 대한 이해도가 떨어진 상태에서 역지사지가 이뤄지다 보니 결과적으로 반려견과 소통하는 데 실패하는 것입니다. 이런 엇갈림이 반복되면 강아지는 문제 행동을 계속하고 강아지에 대한 보호자의 애정은 점점 식어갑니다. 심하면 반려견을 포기하는 경우까지 생깁니다.

저는 '개는 개다'라는 말을 좋아합니다. 사람에 따라 이 말에 거부감을 느낄 수 있습니다. 개는 개니까 막 대해도 된다는 뜻으로 들릴 수 있기 때문이죠. 하지만 제가 좋아하는 '개는 개다'라는 말은 절대 그런 의미가 아닙니다. 개는 사람이 아니니 개 그 자체로 이해하고 존중해야 한다는 뜻입니다.

인간끼리도 서로를 이해하지 못하는 경우가 많습니다. 오죽하면 남자는 화성에서 오고 여자는 금성에서 왔다는 말이 있을까요? 같은 종에 속하고 같은 언어를 쓰는 사람도 서로 이렇게 다릅니다. 그러니 개와 사람이 다르고, 둘이 서로를 이해하기 어려운 건 너무나 당연한 일입니다.

반려견을 사랑할수록 '개는 개다'라는 말을 곱씹어보기 바랍니다. 우리가 반려견과 함께 살아가려면 더 많이 공부하고 노력해야 한다는 점을 마음에 새기면서 말입니다.

개팔자는 상팔자일까?

행동학 수의사로 꾸준히 공부하고 진료를 보면서 사람들이 크게 오해하는 것을 하나 알게 됐습니다. 바로 "개 팔자가 상팔자"라고 여기는 것이죠.

개는 우리가 힘들어하는 일도 하지 않고, 조금만 귀엽게 행동하면 맛있는 것을 많이 먹을 수 있습니다. 또 쉬고 싶을 때 쉬고, 자고 싶을 때 자는 것처럼 보입니다. 그러니 개 팔자가 상팔자라고요? 하지만 조금만 자세히 들여다보면 오히려 "개 팔자는 하팔자"라는 것을 알게 됩니다. 개는 사람 사회에 살면서 우리보다 훨씬 큰 불안과 두려움을 느끼는 경우가 많습니다. 왜 그럴까요? 첫째, 자유의지가 없기 때문입니다.

수의사가 병역의무를 이행하는 방법은 여러 가지입니다만, 많은 수의사들이 수의대 졸업 후 '공중방역수의사'로 근무합니다. 4주간 훈련소를 다녀온 뒤 각 지방자치단체에 파견돼 동물 방역 관련 업무를 하는 것이죠. 저에게는 이 4주의 훈련소 생활이 무척 힘들었던 기억으로 남아 있습니다. 그곳에서는 자는 시간, 일어나는 시간, 밥 먹으러 가는 길, 화장실 사용, 옷 갈아입기까지 무엇 하나 제 마음대로 할 수 있는 것이 없었거든요. 운동을 좋아하고 몸 움직이는 것을 잘하는 저로서는 아침마다 뛰고 무거운 군장을 짊어진 채 걷는 것보다 자유의 상실이 더 힘들게 느껴졌습니다.

개들은 어떤가요? 산책 가고 싶을 때 가지 못하고, 놀고 싶을 때 놀 수도 없습니다. 가끔은 쉬고 싶은데 사람이 와서 예쁘다며 괴롭히기도 하죠. 이때 싫다는 표현을 하면 '나쁘고 버릇없는 개'가 되고 맙니다.

"개 팔자가 하팔자"인 두 번째 이유는, 개는 사람과 달리 맥락을 이해하지 못하기 때문입니다. 제가 강의를 할 때마다 참석자분들께 꼭 여쭤보는 것이 있습니다. 바로 "여러분은 병원에 왜 가세요?"입니다. 99%의 대답이 "아파서요"인데, 한번 잘 생각해 보십시오. 우리는 아파서 병원에 가는 게 아닙니다. 보통 "치료하러" 갑니다. 다만 사람은 맥락적 사고에 익숙하기 때문에 '아프면 → 병원에 가서 치료한다'라는 흐름을 자연스럽게 받아들이는 겁니다. 여기서 뒤를 생략하고 "아파서 병원에 가요"라고 답하는 거죠.

개는 이런 맥락을 이해하지 못합니다. 지금 아파서 병원에 가는 것이, 나중에 내가 더 아프지 않도록 하기 위한 행동이라는 걸 알지 못합니다. 이런 개의 입장에서 한번 생각해보세요. 몸이 아플 때 보호자가 어딘가 데리고 가면, 거기 있는 사람들이 나를 더 아프게 하죠. 그렇게 하지 말라고 몸부림을 쳐도 억지로 나를 더 괴롭게 만드는, 정말 나쁜 사람들이 모여 있는 곳이 바로 병원이라고 생각합니다.

미용은 어떨까요? 저도 어린 시절 어머니 손에 이끌려 미용실에 갔을 때 "하기 싫다"고 징징거리며 어머니와 미용 선생님을 힘들게 하곤 했습니다. 그땐 머리를 왜 손질해야 하는지 몰랐고, 필요성도 느끼지 못했기 때문에 그랬을 겁니다. 개들도 마찬가지입니다. 개들에게는 미용실장님들도 수의사처럼 정말 이상한 사람이 될 수밖에 없습니다.

이제 "개 팔자가 하팔자"인 세 번째 이유를 말씀드려 볼까요? 그것은 "예측 가능성이 별로 없다"입니다.

앞서 분리불안 해결법을 설명하면서도 말씀드렸지만, 사람을 포함한 동물에게 예측 가능성은 아주 중요합니다. 예측 가능성이 있으면 불안이 줄어들고 예측 가능성이 없으면 불안이 커지기 때문입니다. 예를 들어 보죠. 여러분이 집 문 밖을 나갈 때 어디를 갈지 모른다면 어떨 것 같으신가요? 나의 목적지를 모른다면 불안해질 겁니다. 사람이 시험을 앞두고 불안을 느끼는 것 또한 어떤 문제가 나올지 모르기 때문일 겁니다.

개들은 항상 이런 예측 불가능성 속에서 삽니다. 물론 평소 산책을 자주 하고 유전적 기질과 후천적으로 만들어진 성향이 모두 긍정적인 아이라면 집 문 밖을 나갈 때마다 "오늘도 즐거운 산책을 가는 거구나"라고 생각할 겁니다. 하지만 그 반대라면, 언젠가 한번 산책을 한 뒤 병원에 다녀온 경험을 떠올리며 "지금 또 병원 가는 거 아니야?"라고 불안해할 수도 있습니다.

마지막으로 개는 사람보다 감각이 잘 발달돼 있고, 그 결과 우리보다 예민합니다. 이 또한 "개 팔자가 상팔자"라고 말하기 힘든 이유가 됩니다.

가끔 보면 산이나 조용한 공원에서는 산책을 잘하는데 도심 산책은 유독 힘들어하는 아이들이 있습니다. 왜일까요? 개는 우리보다 청각, 후각 같은 감각이 훨씬 예민합니다. 시각의 경우 사람보다 떨어지는 부분도 있지만 시야각, 그리고 움직이는 물체에 대한 민감도는 훨씬 뛰어납니다. 이런 면은 자폐 스펙트럼 장애를 가진 사람과 비슷합니다.

이해를 돕기 위해 얼마 전 인기를 끌었던 드라마 〈이상한 변호사 우영우〉를 예로 들어보겠습니다. 이 작품 주인공 우영우는 길을 걷거나 대중교통을 탈 때 늘 헤드폰을 낍니다. 우리가 이해하기 힘들 만큼 외부 자극에 예민하기 때문입니다. 이 문제를 교육이나 훈련을 통해 개선하기 어렵기 때문에 차라리 소리가 잘 들리지 않도록 헤드폰으로 차단하는 것이죠.

우영우 캐릭터의 실제 모델로 알려진 세계적 동물학자 템플 그랜딘 교수도 마찬가지였다고 합니다. 그랜딘 교수는 자폐 스펙트럼 장애를 갖고 있었고, 그 덕분에 동물의 행동과 감정을 더 잘 이해할 수 있었다고 말합니다.(동물행동학에 관심을 가진 분이 계시면, 그랜딘 교수의 '동물과의 대화'라는 책을 꼭 읽어보실 것을 권합니다.)

다시 개 이야기로 돌아가서, 많은 개들이 도심을 다닐 때 차 소리, 오토바이 소리, 버스 소리 등에 두려움과 공포를 느끼고 힘들어합니다. 우리 입장에서는 "그게 왜 무서워?" "맨날 듣는데 왜 적응을 못해?"라고 의아해할 수 있습니다. 그런 이야기를 들을 때마다 저는 이렇게 반문합니다. "왜 사람들은 맨날 듣는 층간소음에 적응하지 못하고 들으면 들을수록 스트레스를 받을까요?"

이런 여러 이유들로 개는 사람 사회에서 생각보다 더 많이 스트레스를 받을 수 있고, 그로 인해 우리가 말하는 이른바 문제 행동을 할 수 있습니다. 물론 이해한다고 해서 개의 모든 행동을 용서할 수 있는 건 아닙니다. 하지만 우리가 개의 현실을 알게 된다면 체벌하고 혼내는 잘못된 방법보다 조금 더 효과적이고 올바른 행동 개선 방법을 선택할 수 있지 않을까요?

왜 혼나는지 그들은 모른다

이상하게도 동물과 관련된 단어 가운데 상당히 공격적인 단어가 많습니다. 그중 하나는 바로 훈련입니다. 저는 이제껏 살면서 훈련을 받아본 경험이 별로 없습니다. 고작해야 신병훈련소 정도죠. 앞서 언급했듯 수의사는 대부분 공중방역수의사라는 이름으로 3년간 지방자치단체에 파견되어 근무합니다. 4주 훈련소밖에 다녀오지 않은 제가 군대 이야기를 하는 게 우습지만, 그 4주라는 기간은 정말 힘들었습니다. '아, 정말 2년 가까이 이런 생활을 견뎌내는 현역장병들은 대단하구나'라는 생각과 함께 '내 자유의지 없이, 하지 않으면 안 되니까 무엇인가를 하는 건 정말 힘들구나'라는 생각밖에 들지 않았습니다.

하지만 힘들어도 군대에서는 훈련을 받아야 합니다. 내 가족과 나라를 지켜야 하는 막중한 책임을 진 군인이기 때문입니다. 물론 개도 마찬가지로 훈련이 필요한 경우가 있습니다. 군견, 경찰견, 인명 구조견, 시각장애인 안내견 등 특수 목적을 위해 일하는 개가 그렇습니다. 행동 하나하나가 사람의 생명과 안전에 직결되기 때문에 자신의 본능과 욕구를 억누르면서까지 훈련을 받죠. 하지만 보통의 반려견이 그럴 필요가 있을까요? 사실 우리도 가끔 실수를 하는데 강아지라고 실수를 하면 안 될까요?

제가 좋아하는 영화 중에 〈세 얼간이〉가 있습니다. 거기에 제 마음을 흔들어놓은 대사가 나옵니다. "서커스에서 사자를 채찍으로 때려 의자에 올리는 것을 보고 훈련이 잘되었다고 하지 교육이 잘되었다고 하지 않는다."

그렇습니다. 훈련과 교육의 차이는 생각하는 능력의 차이입니다. 훈련은 생각할 필요 없이 시키는 대로 하는 능력을 길러주지만, 교육은 스스로 생각할 수 있는 능력을 길러줍니다. 어떤 사람은 "개가 무슨 생각을 할 필요가 있어? 시키는 대로 하기만 하면 되는데"라고 말할지도 모릅니다. 하지만 개도 생각을 합니다. 제대로 교육을 해본 사람들은 모두 그렇게 느끼죠.

개도 생각하는 것을 좋아하고, 또 생각하는 교육을 했을 때 보호자가 어떻게 하면 나를 칭찬할까를 고민하면서 요리조리 노력합니다.

'사랑의 매'라는 말이 널리 쓰이던 때가 있었습니다. 회초리가 교육의 한 방편으로 여겨지던 시절입니다. 이제는 세상이 바뀌었습니다. 학교나 가정에서 체벌이 점점 사라지는 추세입니다. 이런 추세는 반려동물한테도 그대로 적용됩니다. 예전에는 말을 알아듣지 못하는 동물은 때려서 가르쳐야 한다고 생각하는 사람이 많았지만, 이제는 동물은 '말을 알아듣지 못하기 때문에' 더더욱 때려서는 안 된다는 게 상식입니다.

체벌은 동물에게 자기가 왜 혼나는지 알려주지 못하고, 어떤 행동이 올바른지도 알려주지 않습니다. 따라서 동물을 체벌하는 것은 정말 의미 없는 행동입니다.

최소한 사람에게는 벌을 주면서, 당신이 왜 지금 벌을 받아야 하는지 설명해줄 수 있습니다. 그 이유가 납득될 경우 때로 벌을 '달게' 받기도 합니다. 반면 이유 없이 벌을 받고 있다고 느끼면 답답함과 억울함에 휩싸이죠. 자기를 벌주는 사람을 원망하고 싫어하게 되며 가능하다면 피해 다닐 것입니다. 반려동물을 체벌할 때 그들이 느끼는 감정이 딱 이렇습니다. 보호자가 반려견을 꾸짖을 때 그들은 보통 자기가 왜 혼나는지 깨닫지 못합니다.

예를 들어 반려견이 짖는 상황을 생각해봅시다. 도시에서 키우는 개가 수시로 짖으면 가족과 이웃에게 피해를 줍니다. 보호자는 이를 문제 행동으로 받아들입니다.

반면 개의 관점에서 '짖기'는 지극히 정상적인 행동입니다. 본능적이고 정상적인 행동을 했을 때 보호자가 화를 내고 체벌하면, 개는 왜 자기가 매를 맞는지 이해하지 못합니다. 어쩌다 '짖으면 매를 맞는구나'라는 걸 알게 된다 해도, '매를 맞지 않으려면 어떻게 행동해야 할까'까지는 알기 어렵습니다. '그래, 짖으면 안 되는구나. 그럼 뭘 해야 하지?' 하다가 '짖는 대신 낑낑거릴까' 또는 '짖지 말고 바로 물까'를 고민하게 될지 모릅니다. 반려견을 체벌하면 안 되는 첫 번째 이유입니다.

반려견 교육 시 체벌하면 안 되는 두 번째 이유는 뭘까요? 바로 반려견이 인과관계를 이해하지 못하기 때문입니다. 개는 특정 행동을 하자마자 특정 결과가 나와야 인과관계를 인식합니다. 그러려면 행동과 결과 사이의 시간 간격이 매우 짧아야 합니다. 개를 트레이닝할 때 가장 이상적인 것은 개가 특정 행동을 하는 도중 또는 행동이 끝나고 0.5초 이내에 적절한 반응을 보이는 것입니다. 이때 보호자가 칭찬하면 그 행동을 더 하고, 체벌하면 그 행동을 덜 하게 됩니다. 만약 개가 (보호자 관점

그래, 짖으면 안 되는구나.

그럼 뭘 해야 하지?

짖는 대신 징징거릴까

짖지 말고 바로 물까

?

에서 잘못된 것으로 보이는) 문제 행동을 한 뒤 한참이 지나서야 체벌한다면 개는 자기에게 벌어지는 상황을 결코 이해하지 못합니다. 보호자들이 이 문제로 가장 많이 하는 실수가 화장실 교육입니다.

대부분의 보호자는 집 안의 부적절한 장소에서 오줌이나 똥을 발견하면 개를 현장으로 데리고 가 이게 뭐냐고 소리치며 신문지로 엉덩이를 때리거나 코를 때립니다. 그런데 그런 현장이 보호자 눈에 띄었을 때는 이미 개가 배변하고 한참이 지난 뒤인 경우가 많습니다. 개로서는 대체 자기가 왜 혼나야 하는지 알 도리가 없는 것이죠.

그동안 이런 식으로 체벌을 받은 많은 반려견은 아마도 자기 보호자를 평소엔 천사 같지만 가끔은 아무 이유 없이 나를 윽박지르는 이상한 사람이라고 여길 겁니다.

여기까지 읽고 어떤 사람들은 이런 생각이 머릿속에 떠오를 겁니다.

'아, 그러면 개가 오줌을 잘못된 자리에 싸는 것을 발견한 즉시 체벌해야겠구나!'

하지만 이 또한 절대 금물입니다. 개가 오줌 싸는 것을 보고 현장에서 혼낸다고 생각해보세요. 그때 보호자가 개에게 하고 싶은 말은 '너, 여기다 싸지 마'입니다. 하지만 개는 '여기다'를 빼고 '너 싸지 마'로 받아들일 개연성이 훨씬 높습니다.

그런데 개에게 배변은 지극히 자연스러운 현상입니다. 오줌을 아예 싸지 않을 수는 없으니 혼나지 않으려면 보호자가 없을 때 혹은 보호자가 잘 보지 못할 장소(커튼 뒤 또는 침대 밑)에 몰래 싸게 되는 것이죠.

친한 트레이너와 화장실 교육에 관한 이야기를 나눈 적이 있습니다. 트레이너는 이렇게 이야기했습니다. "사람들은 왜 화장실을 훈련한다고 할까? 우리 어렸을 적 부모님이 우리를 훈련했나? 그냥 습관 아니야?" 생각해보니 그랬습니다. 화장실은 습관입니다. 따라서 강아지의 화장실 본능과 습성을 이해하고 그에 따른 환경을 조성하며 화장실을 가고 싶어 할 때 올바른 장소로 유도해주는 것이 좋습니다.

반려견에게 배변 교육을 할 때 보호자가 주의할 점이 있습니다. 어린 강아지들은 식사 횟수가 많기 때문에 자주 배변을 합니다. 또 괄약근과 대장 근육이 잘 발달하지 않아 배변을 참는 데 어려움이 있습니다.

바로 그렇기 때문에 이 시기에 배변 실수를 했다고 혼내기보다는 시간을 갖고 기다려줘야 합니다. 괄약근을 잘 조절해 배변을 잘 참을 수 있는 나이는 생후 5개월부터이며 이 시기에는 개월에서 1시간을 더한 시간까지 배변과 배뇨를 참을 수 있습니다(그렇지만 10개월~1년 미만의 강아지라면 간혹 실수할 수는 있습니다). 예를 들어 5개월 된 강아지라면 6시간을 참을 수 있고, 성견의 경우 8개월 기준으로 9~10시간까지 참을 수 있습니다.

만약 잘 가리던 아이가 갑자기 실수를 하거나 보호자가 없을 때만 실수를 한다면 스트레스나 분리불안이 원인일 가능성이 높습니다. 따라서 이때는 화장실 교육에 집중하기보다 스트레스나 분리불안 등의 문제로 접근하는 것이 좋습니다.

한편 노령견도 노화로 인한 배변 문제가 생길 수 있습니다. 비뇨기 계통의 병이나 괄약근 근육의 약화가 원인일 수 있으니 수의사와 상담해보세요.

화장실 교육, 이렇게 하세요

어린 강아지인 경우

① 어린 강아지가 화장실을 결정할 때 가장 중요한 요소 두 가지는 냄새와 발바닥 감촉입니다. 발바닥 감촉은 보통 생후 8.5주까지 결정되고 본능적으로는 구멍이 많은 다공성 물질을 밟으면 배뇨 욕구를 느낍니다. 그렇기 때문에 카펫이나 발매트에 오줌을 싸는 건 강아지의 잘못이 아닙니다. 처음 집에 데려올 때는 이런 재질로 된 물건을 모두 치워놓아야 합니다(화장실 교육이 잘될 때까지). 또한 데려오기 전 화장실 환경을 그대로 만들어주면 조금 더 빨리 화장실을 가릴 수 있습니다.

② 반려견이 먹고 자는 곳과 될 수 있으면 멀리 떨어진 곳에 배변패드를 놓아둡니다. 패드는 한 곳에만 두지 말고 최소 2개 이상을 준비해서 여러 장소에 깔아두고 나중에 쓰지 않는 패드를 치워주세요. 이때 배변패드 밑에 배변 흔적이 있는 패드를 깔아두거나 오줌을 조금 묻혀 냄새로 배변 장소를 쉽게 찾을 수 있게 해주세요. 배변패드만 깔아주는 경우에는 항상 패드가 미끄러지지 않게 관리해주세요. 패드에 올라갔는데 움직임이 불안해지면 그 위에 일을 보지 않으려 하는 경우도 있습니다.

③ 반려견이 배변을 하기 전 안절부절못하거나 빙글빙글 도는 행동을 하면 화장실로 유도해주세요. 보통 아침에 일어나자마자, 식후 및 물을 마신 후 30분 이내, 그리고 열심히 뛰어논 뒤 화장실을 가는 경우가 많으므로 매의 눈으로 지켜봐주세요!

④ 반려견이 배변에 성공하면 바로 칭찬해줍니다. 보상으로 간식을 주거나 좋아하는 사료를 한두 알 주는 것도 좋습니다. 반대로 실수했을 때 야단을 치면 안 됩니다. 혼이 난 반려견이 겁을 먹거나 배변하는 것을 보호자가 싫어한

다고 오해할 수 있기 때문입니다. 이렇게 되면 보호자를 피해 구석진 곳에서 배변을 하거나 배변을 참다가 병이 날 수도 있습니다.

성견인 경우

① 방광염 같은 비뇨기 문제, 다음다뇨를 일으키는 호르몬성 질환, 보호자가 없을 때만 실수하는 분리불안인지를 가장 먼저 확인하세요.
② 이사 또는 가족 구성원의 변화 등 스트레스 요소가 있다면 절대로 체벌하지 말고 강아지가 불안해하지 않도록 하며 조금 시간을 가지고 기다려주세요.
③ 화장실이 흔들리거나 미끄럽지 않은지, 혹시 관절 질환이 있어서 미끄러질까 봐 위에 올라가지 않는지 확인해주세요.
④ 화장실 월드컵을 해주세요. 신문지, 잔디패드, 배변패드, 배변판 등 여러 종류를 놓아두고 좋아하는 재질이 있는지 확인해주세요.
⑤ 조준을 잘 못하는 경우 절대로 혼내지 말고 화장실 주변을 펜스로 막고 입구를 두어 그곳을 뛰어넘어야만 화장실에 들어갈 수 있게 해주세요.

실외 배변

사실 실외 배변을 하는 강아지는 참 행복한 아이들입니다. 보호자와 하루 2번 이상 산책을 하지 않으면 대부분 실외 배변을 하지 않기 때문이죠. 개들도 내가 예측 가능하게 밖을 나갈 수 있을 때는 본능적으로 내 공간은 깨끗하게 유지하고 싶어 합니다. 하지만 눈이 오거나 비가 와서 산책을 못 나갈 경우 문제가 생깁니다. 사실 실외 배변을 하는 강아지가 다시 실내에서 일을 보게 하는 건 쉽지 않습니다.
첫 번째 방법은 집 안에서 일을 볼 때까지 기다리다가 일을 보자마자 칭찬하고 산책을 나가는 것입니다. 여기서 힘든 점은 정상적인 수준을 넘겨 24시간 이상

참는 경우가 생기고 이럴 경우 신장과 방광에 무리를 줄 수 있다는 겁니다.

두 번째 문제는 24시간 지켜보고 있어야 한다는 것입니다. 실내에서 일을 보자마자 산책을 나가야 강아지가 안에서 일을 보는 게 잘한 행동이라고 인식하는데, 보통은 그런 행동이 잘못된 줄 알고 어쩔 수 없이 보호자가 보지 않을 때 싸거나 숨어서 싸게 됩니다. 다른 방법으로는 다공성 물질에 배뇨 욕구를 느끼는 개의 본능을 이용해 잔디패드 등을 사용하는 것입니다. 집 안이나 현관에 놓아두고 시도해보기를 권합니다. 하지만 성공률은 그리 높지 않습니다.

*** 주의사항** 패드 위에 간식을 올려놓아 강아지가 올라가게 하는 방법은 화장실 교육과 아무 상관이 없습니다. 강아지는 배변패드 위에 올라가면 칭찬받는다고 생각하지 독심술을 쓰듯 그 장소에 오줌을 싸야 한다는 것까지 알아내지는 못합니다. 오히려 먹는 공간과 싸는 공간을 분리하려는 습성 때문에 잘못된 인식이 생겨 화장실에 일을 보면서도 그 위에 눕거나 앉아서 간식을 바라는 행동을 할 수 있습니다.

아무 데나 오줌 싸는 게 복수심 때문?

"우리 강아지가 저한테 복수하려고 이래요. 그래놓고 혼내면 죄책감 느끼는 표정을 지어요."

문제 행동을 보이는 반려견을 상담할 때 보호자들이 흔히 하는 말입니다. 그런데 정말 그럴까요?

강아지가 보호자에 대한 복수를 꿈꿀 수 있고, 때로는 자기 행동에 대해 죄책감을 갖기도 할까요? 보호자와 이런 이야기를 나누는 경우는 주로 강아지가 분리불안 증세를 보일 때입니다.

분리불안이란 보호자와 떨어져 혼자 남겨진 강아지가 불안을 느끼고 이상 행동을 하는 것을 뜻합니다. 보통 큰 소리로 짖기, 울부짖기(하울링), 집 안 엉망으로 만들기, 아무 데나 오줌 싸기 등의 행동이 나타납니다.

이런 증상을 보이는 강아지는 물론, 이 문제로 골머리를 앓는 보호자도 많습니다. 그래서 분리불안은 보호자가 강아지를 유기하는 첫 번째 원인으로 꼽힙니다. 외출하고 돌아와 보니 평소 배변 습관이 잘 잡혀 있던 강아지가 화장실이 아닌 곳에 오줌을 싸두었다면 보호자들은 보통 이렇게 생각합니다.

'이놈이 저 혼자 두고 나갔다고 복수를 하네.'

그러면 화가 납니다. 또 서둘러 강아지의 잘못된 행동을 바로잡아야 한다고 느끼게 됩니다. 그러니 강아지를 오줌 싼 장소로 데리고 가 혼내게 되는 거죠.

이후 문제가 해결될까요. 대개는 그렇지 않습니다. 몇 번 비슷한 상황이 반복돼도 외출하고 돌아와 보면 강아지는 오줌을 아무 데나 싸놓습니다. 달라진 건, 그래놓고 숨는다는 점입니다. 보호자가 집에 돌아오는 소리가 들리면 식탁 밑 같은 곳에 숨어 눈치를 봅니다. 그러면 보호자는 또 생각하죠.

'이놈이 저 혼자 남겨뒀다고 복수하면서, 또 잘못한 건 알아서 저렇게 숨네.'

이번엔 같은 사건을 강아지 관점에서 바라봅시다. 보호자가 집을 떠나면 분리불안을 느끼는 강아지는 두려움에 떱니다. 무리 동물인 강아지는 혼자 남겨졌을 때 기본적으로 스트레스를 받습니다. 어릴 때 혼자 있는 연습을 한 적 없는 강아지는 극심한 공포까지 느낍니다. 보호자를 부르고자 크게 짖거나 울부짖기 시작합니다. 자기도 모르게 괄약근이 풀려버리기도 합니다.

우리 뇌는 평소 괄약근을 향해 지속적으로 '수축하라'는 명령을 내립니다. 그러나 불안과 공포 등이 심해지면 아무 생각도 못하게 되고 괄약근을 닫으라는 뇌의 명령도 약해집니다. 이런 상태에 놓이면 의도하지 않아도 오줌이 나오는 경우가 있습니다. 분리불안 증세를 가진 강아지가 혼자 있을 때 오줌을 아무데나 싸는 건 대부분 이런 이유에서입니다.

분리불안 없애는 크레이트 교육법

개는 어둡고 아늑한 곳을 자신만의 공간으로 활용하는 습성이 있습니다. 그곳에서 휴식을 취하기도 하고 위협으로부터 몸을 피하기도 합니다. 반려견이 분리불안 증세를 보인다면 크레이트를 이용해 자신만의 공간을 만들어줄 필요가 있습니다. 이렇게 자신만의 공간을 만들어주고 집에 있을 때도 일정 시간 크레이트 안에 있는 습관을 들이면 독립심이 생기고 혼자 있는 시간의 불안을 이겨낼 수 있습니다.

어떤 크레이트를 선택할까?

반려견 크레이트는 다양한 재질과 모양으로 나와 있습니다. 크레이트 교육은 어린 강아지일 때 하는 것이 효과적이기 때문에 성견이 되었을 때의 크기를 예측하고 그에 맞는 크기를 구입하는 것이 좋습니다. 단 너무 클 경우 크레이트 안에 공간이 남아 배변, 배뇨 실수를 할 수 있습니다. 그래서 대형견의 경우 처음에는 아예 씹을 수 없거나 씹어도 별문제 안 되는 물체로 안쪽 공간을 어느 정도 채워주는 편이 좋습니다. 이때는 위아래 분리가 가능한 플라스틱 재질의 크레이트가 좋습니다.

반려견이 안에서 일어섰을 때 머리가 천장에 닿지 않고 크레이트 안에서 몸의 방향을 자유롭게 돌릴 수 있을 만한 폭으로 선택합니다.

겁이 많은 강아지에게 간식을 이용한 칭찬 교육을 할 때 뒷다리는 빠져나온 상태에서 앞다리만 들어가는 경우가 있습니다. 이럴 땐 오히려 조금 큰 크레이트를 이용해 교육하는 편이 좋습니다.

크레이트 교육, 이렇게 해보세요

① 반려견이 크레이트에 적응할 수 있도록 먼저 익숙한 담요나 낡은 옷 등을 바닥에 깔아주세요. 주의할 점은 어린 강아지가 처음으로 크레이트에 들어갔을 때 잠그거나 홀로 두면 안 된다는 겁니다. 크레이트에 들어가면 '갇힌다'거나 '혼자 남겨진다'라는 인식이 생기면 다음 단계로 넘어가기 어려울 수 있기 때문입니다.

② 이제 반려견이 크레이트 안에서 식사를 하도록 합니다. 사료 냄새를 맡게 한 다음 크레이트 안에 천천히 그릇을 가져다 놓고 문을 열어서 자연스럽게 들어가도록 유도합니다.

③ 반려견이 크레이트 안으로 들어가 식사를 하면 놀라지 않도록 조심하면서 천천히 문을 닫아줍니다. 크레이트 교육은 반복을 통해 적응 시간을 단계적으로 늘려가야 합니다. 오래 가지고 놀 수 있는 장난감이나 간식을 미리 넣어두고 반려견이 들어가기 전 문을 닫아두면 스스로 들어가려 하기 때문에 능동적인 교육이 가능해집니다.

콩토이에 사료와 습식 캔 또는 바나나를 버무려 넣고 얼린 뒤 같이 넣어주어도 좋습니다. 만약 콩토이를 가지고 나오려고 한다면 콩토이의 작은 구멍에 운동화 끈을 매듭지어 통과시켜 크레이트 안쪽 공간에 묶어두는 것도 좋습니다.

④ 문을 닫는 시간을 차츰 늘려 시간이 어느 정도 늘어나면 크레이트와 함께 밖으로 나가기를 시도합니다.

* 크레이트 교육은 자동차를 타고 이동할 때도 아주 유용합니다. 자동차를 탔을 때 불안한 강아지가 보호자 쪽으로 이동하려다 사고가 나는 경우가 많습니다. 미리 크레이트 교육이 된 반려견이라면 자기가 가장 좋아하는 공간이 같이 움직이므로 불안을 줄일 수 있고 혹시 모를 사고에도 최소한의 안전을

지킬 수 있습니다.

* 사람이 느끼는 폐소공포증처럼 어딘가 갇혀 있을 때 극심한 공포를 느끼는 개도 있습니다. 만약 1~2주일간 꾸준한 교육을 했는데도 진도가 나가지 않는다면 이 책 277쪽을 참고해 '마법의 양탄자 교육'과 '기다려 교육'을 시켜주세요. 물론 크레이트 교육과 기다려 교육을 같이 하는 것도 아주 좋습니다.

* 분리불안이 나타날 때 약물의 도움이 필요한 경우가 많습니다. 사람이 불안한 상황에서 우황청심환을 먹듯 항불안제 및 분리불안 치료제 복용도 고려할 필요가 있습니다.

반려견의 질투, 사람과 어떻게 다를까

개의 마음을 읽는 것은 행복한 반려 생활의 첫걸음입니다. 개의 감정을 잘못 이해하면 잘못된 방법으로 의인화를 하게 되고 그로 인해 오해가 쌓이는 경우가 많기 때문입니다. 결국 개가 사랑의 대상이 아니라 짐처럼 변해 개와 보호자 모두 힘들어지는 사례가 허다합니다.

행복한 반려 생활을 망치는 개의 감정 중 하나는 질투심입니다. 과학자들이 개와 만 2.5~3세 아이를 대상으로 '질투 실험'을 한 적이 있습니다. 먼저 사람을 대상으로 실험한 내용은 이렇습니다.

부모가 아이에게 관심을 두지 않고 책을 보거나 전화 통화를 하는 환경을 만듭니다. 이럴 때 보통 아이들은 별 동요를 보이지 않습니다. 이번에는 부모가 역시 아이에게는 전혀 관심을 두지 않은 채 인형에 관심을 표시하는 상황을 만들어봤습니다. 그러자 아이들 표정이 어두워지면서 갑자기 울기 시작했습니다. 울음을 터뜨려도 부모가 관심을 기울이지 않자 아이들은 인형을 꼬집고 때리며 공격하기 시작했습니다.

과학자들은 개를 대상으로도 같은 내용의 실험을 했습니다. 보호자가 책을 보거나 전화 통화를 할 때는 개도 아이와 마찬가지로 별다른 동요를 보이지 않았습니다. 가끔 보호자를 쳐다보기는 해도 장난감이나 다른 놀 거리가 있으면 큰 어려움 없이 시간을 보냈습니다. 그러나 보호자가 강아지 인형을 가져와 관심을 보이면서 자기를 외면하면 개는 이내 짖기 시작했습니다. 개가 이런 상황에서 왜 짖는지 이해하려면 비슷한 수준의 지능을 가진 아이들이 비슷한 실험 상황에서 왜 우는지 생각해봐야 합니다.

아이들은 자기가 울면 엄마, 아빠가 관심을 보인다는 사실을 본능적으로 압니다. 그래서 배고플 때, 배변을 해서 불편할 때, 아니면 그냥 관심을 얻고 싶을 때 울음을 터뜨리죠.

이와 달리 개는 울지 못합니다. 그러니 짖는 것입니다. 짖어서라도 보호자의 관심을 끌려고 하는 것이죠. 개의 이후 행동도 아이들과 크게 다르지 않습니다. 자기가 짖었는데도 보호자가 관심을 보이지 않으면 강아지 모양 인형을 공격하는 모습을 보입니다.

그렇다면 개가 갖는 이런 질투 감정은 사람과 살면서 후천적으로 학습한 것일까요 아니면 타고난 것일까요? 기존 연구에 따르면 사람과 개 모두 질투 감정을 갖고 태어난다고 합니다. 질투심을 가져야 보호자의 관심을 조금이라도 더 받을 수 있고, 이것이 생존 확률을 높여주기 때문입니다.

그렇다면 이런 질투가 어떤 문제를 일으킬까요? 개의 질투 감정을 간과하는 보호자들이 흔히 저지르는 가장 큰 실수가 있습니다. 바로 '친구 개'를 집에 들이는 것입니다.

보통 분리불안을 가진 개의 문제를 해결하고자 또 다른 개를 키우는 보호자가 많습니다. 분리불안 증세를 드러내는 개는 집에 혼자 두면 울고 짖어 민원을 유발합니다. 이런 개를 기르는 보호자는 대부분 '우리 개가 외로워서 이런 행동을 할 것'이라고 생각합니다.

일단 그 생각은 맞습니다. 개는 혼자 있는 게 무서워서 짖고 울고 아무 데나 똥오줌을 싸고 집 안을 엉망으로 만들어놓죠. 하지만 그 외로움이 다른 개가 있다고 풀릴까요?

그렇지 않습니다. 보통은 사람, 특히 자기가 믿고 의지하는 보호자가 있어야만 상황이 해결됩니다. '동생' 또는 '친구' 구실을 할 또 다른 개를 들인다고 분리불안 증세가 나아지지 않는다는 뜻입니다.

개를 더 들였을 때 분리불안 증세가 좋아지는 경우는 극히 일부에 불과합니다. 내 반려견이 어느 쪽에 속할지 궁금하면 원래 잘 알고 지내는 개를 집에 초대한 뒤 두 마리만 남겨두고 외출해서 상황을 확인해보는 편이 좋습니다.

무턱대고 새로운 개를 집에 들이면, 상황이 오히려 더 나빠지는 경우가 많습니다. 새로 들어온 반려견까지 기존 개에게 영향을 받아 분리불안 증세를 보일 수 있습니다.

그래도 여기서 끝나면 그나마 다행입니다. 보호자의 잘못된 교육으로 개들이 서로 질투심을 느끼게 되면 안정을 찾기는커녕 계속 싸우고 그로 인해 상처를 입어 병원 신세를 지는 최악의 상황까지 치닫기도 합니다.

개를 여러 마리 키우는 집에서 간혹 개들끼리 싸우는 원인은 대부분 질투심 때문입니다. 그리고 그 원인은 대부분 보호자의 관심입니다. 개는 사람의 관심을 먹고 사는 동물입니다. 개의 생존에는 먹는 것뿐 아니라 사람의 관심도 아주 중요합니다. 개는 이 자원을 지키고자 나름대로 최선을 다합니다.

만약 보호자가 자기가 잘했을 때나 실수했을 때, 심지어 아무것도 안 했을 때까지 무조건적인 관심과 사랑을 보여주면 개는 보호자의 관심과 사랑이 모두 자기 것이라고 생각합니다. 그렇게 지내다 보호자의 관심과 사랑이 다른 쪽으로 향했다고 느끼면 강한 질투심에 사로잡혀 상대를 공격하곤 합니다.

그래서 같이 사는 개들 사이에 싸움이 일어나 상담하러 오는 보호자들에게 저는 이렇게 질문합니다.

"혹시 보호자가 집에 없을 때도 싸우나요?"

대부분의 보호자는 이 질문에 "사람이 없으면 안 싸워요"라고 답합니다. 결국 개들이 사람 때문에, 조금 더 구체적으로 말하면 보호자의 무분별하고 잘못된 관심 때문에 싸운다는 얘기입니다.

보호자의 무분별하고 잘못된 관심을 바꾸려면 어떻게 해야 할까요? 바로 새치기를 막으면 됩니다!

앞서 말씀드린 것처럼 동거견끼리 싸우는 이유는 대부분 먹을 것 또는 보호자라는 자원을 쟁취하기 위해서입니다. 따라서 보호자가 가족의 리더로서 먹을 것 또는 보호자와 관심과 사랑 같은 자원을 잘 분배해주면 문제는 쉽게 해결될 수 있습니다. 안타까운 건 대부분의 보호자가 자원에 대한 새치기를 방조한다는 점입니다.

예를 들어보죠. 한 아이가 예쁨을 받고 있을 때 다른 아이가 다가옵니다. 그 즉시 새로운 아이에게 관심을 주는 것은 새치기를 용인하는 것과 마찬가지입니다. 우리가 맛집 앞에 줄 서서 기다리고 있는 상황을 떠올려보세요. 우리는 "먼저 온 사람이 먼저 자리에 앉는다"라는 규칙을 믿습니다. 그래서 줄만 잘 서 있다면 조금 시간이 걸릴지라도 내 차례가 올 것이라는 생각에 크게 불안을 느끼지 않습니다. 하지만 누군가 새치기를 시작하고 주인이 그것을 용인해버리면 어떻게 될까요. 내가 과연 음식을 먹을 수 있을지 점점 불안해지기 시작할 것입니다. 강아지 여러 마리와 함께 사는 보호자가 잊지 말아야 할 것은 바로 이 상황입니다.

강아지에게 먹을 것을 줄 때는 따로따로, 새치기를 할 필요가 없도록 분리해 주세요. 보호자는 나눌 수 없지만, 리더십을 발휘해 차례차례 공평하게 관심과 애정을 준다면 동거견끼리의 싸움 중 많은 부분이 사라질 겁니다.

반려견에게 나이는 숫자에 불과하다

반려견들이 싸우면 대부분의 보호자가 당황합니다. 이때 보호자들이 가장 많이 하는 행동이 싸움에서 이긴 개를 혼내는 것입니다.

"너는 언니가 돼서, 너는 형이 돼서 왜 그래!"라며 마치 아이를 혼내듯 합니다. 하지만 절대 잊으면 안 되는 사실이 있습니다. 개 사이에서는 나이가 결코 중요하지 않다는 점입니다.

이런 상황에서 나이에 따른 서열을 정하고 체벌을 통해 문제를 해결하려 들면 가뜩이나 질투심에 휩싸여 불안을 느끼는 개들이 더 큰 스트레스를 받게 됩니다. 결국 싸우는 정도가 심해지거나 또 다른 문제가 나타날 가능성이 있습니다.

이때는 근본적으로 왜 이런 문제가 생기는지 생각해봐야 합니다. 앞서 밝혔듯 보호자가 개에게 이유 없이 사랑과 관심을 쏟아부으면 개는 '보호자의 사랑과 관심은 모두 내 것'이라는 인식을 갖게 됩니다. 그중 아주 조금이라도 다른 대상에게 가는 것을 받아들이지 못합니다. 이 문제를 해결하려면 개에게 '보호자의 사랑과 관심은 언제나 받을 수 있는 게 아니다'라는 인식을 심어주는 게 중요합니다. 저는 이것을 '아 · 세 · 공(아이야 세상에 공짜는 없단다) 교육'이라고 말합니다.

반려견들이 가장 좋아하고 필요로 하는 자원, 즉 사랑, 관심, 그리고 먹을 것 등을 무엇 하나 공짜로 주지 말자는 것이죠. '앉아'와 '기다려' 등 기본적인 신호를 가르치는 교육을 통해, 보호자의 지시를 잘 따랐을 때만 칭찬과 관심 그리고 보상(먹을 것)을 줘야 합니다.

그러면 개는 '아, 내가 이런 행동을 했을 때만 칭찬을 받는구나' 하는 인식을 갖게 됩니다. 당연히 개는 칭찬받는 행동을 더 하려 들 테죠. 또한 보호자의 관심과 사랑이 당연한 게 아니라는 점을 인식하면 그 일부가 다른 개에게 넘어간다 하더라도 그 상황을 참아낼 수 있습니다.

'아 · 세 · 공 교육' 외에 또 하나 명심할 점은 더 강한 개를 먼저 챙겨줘야 한다는 것입니다. 개는 오랫동안 사람과 같이 살아왔습니다. 그 과정에서 영향을 주고받아 사람과 상당히 비슷한 행동을 합니다.

하지만 그래도 동물은 동물입니다. 개는 자원 획득의 우선 순위를 자기들끼리 정하고, 비록 우리가 생각하는 것만큼 견고하진 않지만, 그래도 이 기준을 지켜나갑니다.

그런데 이와 다르게 보호자는 약하거나 뒤처지는 개를 먼저 챙기는 경우가 많습니다. 개들이 자기들끼리 만든 규칙을 역행하는 셈이죠. 이렇게 되면 강한 개는 약한 개에게 더 많은 질투를 느끼고, 약한 개는 보호자가 있을 때 보호자와의 동맹을 믿고 평소 하지 못하는 행동을 감행하게 됩니다. 이것은 또 다른 갈등과 문제를 야기할 수 있습니다.

물론 '아·세·공 교육'과 '강한 개 먼저 챙겨주기'로 개 사이에 벌어지는 싸움이 바로 수그러드는 건 아닙니다. 개의 인식이 바뀌기까지는 적잖은 시간이 소요됩니다. 가족 구성원 모두가 이 두 가지 방법을 꾸준히 잘 지킨다는 전제로, 평균 두 달 정도의 시간은 필요합니다.

만약 집에서 개를 두 마리 이상 키운다면 이것 외에도 나이와 성별 요소를 적절히 고려해야 합니다. 사람은 나이 차가 많이 나지 않을 때 많이 싸웁니다. 개도 마찬가지입니다. 특히 동시에 태어난 개를 같이 키우면 위험합니다.

개 행동학에는 '형제자매 사이의 경쟁의식sibling rivalry'이라는 용어가 있습니다. '동배 새끼' 사이의 갈등과 다툼이 크다는 얘기입니다. 그렇다고 나이 차가 많이 나는 게 무조건 좋은 것도 아닙니다. 나이 차가 너무 크면 에너지 레벨이 잘 맞지 않아 나이 많은 개가 스트레스를 받고 고생하는 경우가 많습니다. 이럴 경우 '사이좋은 가족'이 아니라 그냥 함께 살기만 하는 '동거견'이 돼버릴 수 있습니다. 개인적으로는 2~4살 나이 차가 있는 개를 함께 키우는 것을 추천합니다.

개를 두 마리 이상 키울 때 두 번째로 고려할 요소는 성별입니다. 사람의 경우 남자-남자가 더 많이 싸웁니다. 싸움이 벌어질 때 병원 신세를 지는 경우도 많습니다.

하지만 개의 세계에서는 암컷끼리 싸우는 비율이 가장 높으며 싸웠을 때 다치는 빈도도 이쪽이 많습니다. 그다음으로 수컷과 수컷 조합이 많이 싸웁니다. 다시 말해 암컷과 수컷, 즉 이성끼리 있을 때는 잘 지낼 가능성이 비교적 높죠.

개 사이에 싸움이 벌어졌을 때 사용할 수 있는 '아·세·공 교육'과 '강한 개 먼저 챙겨주기' 방법도 성별에 따라 효과에 차이가 있습니다. 관련 연구에 따르면 같은 교육을 해도 암컷끼리 일어난 싸움은 40~50퍼센트 정도만 좋아지는 반면 수컷과 수컷 또는 암컷과 수컷 간의 싸움에서는 70퍼센트가 넘는 교육

효과를 보였다고 합니다.

이런 결과를 보면 아무래도 다른 성별의 개를 키우는 것이 여러모로 낫다는 걸 알 수 있습니다.

개는 어떻게 세상을 배울까

지금부터 하는 이야기는 조금 이해하기 복잡할 수도 있습니다. 하지만 더 행복하고 재밌는 반려 생활을 위해서는 교육 이론에 대한 이해가 필요합니다.

첫 번째 교육 이론은 바로 고전적 조건화classical conditioning입니다. 단어만 보면 어렵게 느껴지지만 그리 어렵지 않습니다. '조건화'는 '배움'과 같은 의미라고 생각하면 됩니다. 그러니까 고전적 조건화는 고전적 배움인데, 가장 기본적이고 오래전에 발견된 배움에 대한 이론이라고 이해하면 간단합니다. 유명한 '파블로프의 개'를 생각해봅시다. 파블로프가 개에게 밥을 주기 전에 항상 종소리를 들려주었더니 종소리만 나도 침을 흘렸다는 이야기는 아주 잘 알려져 있습니다. 이런 현상은 우리 일상 생활에도 깊숙이 자리 잡고 있습니다. 가장 쉽게 볼 수 있는 것은 광고입니다. 특정 제품과 유명 연예인이 반복적으로 연결되면 우리는 그 연예인만 봐도 나도 모르게 특정 제품을 연상하고, 그 연예인이 내가 좋아하는 사람이라면 나도 모르게 그 제품에 좋은 느낌을 받습니다. 이 또한 고전적 조건화입니다.

그렇다면 개와 관련한 고전적 조건화에는 무엇이 있을까요? 사실 너무나 많습니다. 가끔 개의 행동을 관찰하다 보면 '개는 고전적 조건화의 천재가 아닐까?' 하는 생각마저 들 정도입니다.

첫 번째는 부스럭 소리에 반응하는 경우입니다. 반려견에게 간식을 줄 때는 간식 봉지를 만지게 되고, 그럴 때마다 부스럭 소리가 납니다. 부스럭 소리가 들리면 보호자가 간식을 주므로 반려견은 어렵지 않게 부스럭 소리와 간식을 연결합니다.

두 번째는 딩동 소리와 도어록 번호 누르는 소리에 반응하는 경우입니다. 반복적으로 띠띠띠띠 소리가 나면 내가 좋아하는 가족이 들어오고 딩동 하는 초인종 소리가 나면 우리 집에 낯선 사람이 찾아옵니다. 그렇게 되면 개 자신도 모르게 도어록 소리에는 좋은 감정, 초인종 소리에는 부정적 감정을 가지게 됩니다.

세 번째는 차만 타면 병원에 간다고 알게 되는 경우입니다.

제가 수의사가 된 이유는 아픈 동물들을 치료하기 위해서지만 개들이 그런 마음을 알아주지 않아 참 슬플 때가 많습니다. 오죽하면 흰색 옷 입은 사람들만 봐도 무서워하는 개가 있을까요. 그만큼 병원 오는 것을 싫어하는 개가 많습니다. 그런데 반려견이 어렸을 때 차를 타는 경우는 대부분 병원에 가기 위해서입니다. 가장 중요한 사회화 시기에 무섭게 느껴지는 공간을 반복적으로 가면 차에 대한 부정적 감정을 가지게 되는 경우가 많습니다.

이것 말고도 고전적 조건화의 사례는 많습니다. 그리고 이 고전적 조건화는 강아지의 심리에 중요한 역할을 합니다. 이때 만들어지는 감정은 생각하고 의식적으로 하는 행동이 아니라 나도 모르게 생겨나는 기본적인 감정이기 때문입니다.

고전적 조건화를 간과한 교육법 중 우리가 많이 오해하는 것이 바로 '짖을 때 간식을 주면 더 짖는다'입니다. 과연 그럴까요? A라는 사람이 B라는 사람을 좋아한다고 가정해 봅시다. 하지만 B는 A가 마음에 들지 않아 은연중에 싫다는 표현을 합니다. 그럼에도 A는 B가 좋아 계속 선물을 줍니다. 그럼 B가 "아! 내가 싫다고 하니 선물을 주네"라고 생각할까요? 절대 아닙니다. 오히려 B는 A에 대한 부정적인 감정이 줄어들 가능성이 높습니다(물론 선물을 준다고 반드시 호감이 생기는 건 아닐 것입니다). 이렇게 부정적인 감정이 줄어들면 "싫다"라는 표현 또한 줄어들게 될 겁니다.

개도 마찬가지입니다. 짖는 행동, 공격적인 행동은 대부분 부정적 감정의 부산물입니다. 이런 행동을 바꾸는 가장 근본적인 방법은 감정을 바꾸는 것입니다. 감정을 바꾸려면 방금 설명한 고전적 조건화를 이용해야 합니다. 상대방의 행동과 상관없이 지속적으로 간식 같은 선물을 줘야 한다는 의미입니다.

이때 주의할 것도 있습니다. 때때로 강아지는 간식을 더 달라는 요구를 담아 짖기도 합니다. 이것을 부정적 감정 표현으로 오인해 간식을 더 주면 "짖었더니 내 뜻대로 되는구나"라고 판단해 계속 더 짖을 수 있습니다. 강아지가 짖는 이유를 잘 구별해 적절히 대응하는 것이 중요합니다.

두 번째 교육 이론은 조작적 조건화operant conditioning입니다. 조작적 조건화는 조작적 배움이라고 달리 말할 수도 있습니다. 고전적 조건화와 다르게 어떤 행동과 그 결과에 따라 행동이 변화한다는 의미입니다. 조작적 조건화는 a-b-c 3요소로 구성됩니다. 여기서 a는 선행 사건antecedent, b는 행동behavior, c 는 결과consequence입니다. 쉽게 말해 선행 사건에 의해 행동을 하고 행동에 대한 결과에 따라서 그 행동이 증가하거나 감소한다는 뜻입니다. 예를 보면 더 이해하기 쉽습니다.

a. 선행 사건	초인종이 울린다.	보호자가 들어온다.
	⇓	⇓
b. 행동	짖으면서 뛰어나간다.	보호자가 좋아서 점프한다.
	⇓	⇓
c. 결과	택배 기사가 돌아간다.	보호자가 안아준다.

여기서 반려견 교육을 위해 주의해야 할 포인트는 세 가지입니다. 첫째, 결과가 칭찬이면 행동은 증가하고 결과가 체벌이면 행동은 감소합니다. 여기서 칭찬 방법은 다시 두 가지로 나뉩니다. 먼저 좋아하는 것을 주어서 칭찬하는 방법입니다. 예를 들어 앉아 교육을 할 때 앉으면 간식을 주는 식이죠. 다음으로 싫어하는 것을 빼서 칭찬하는 방법이 있습니다. 앉아 교육을 할 때 점프하면 혼내다가 앉으면 혼내지 않는 게 이런 방법입니다. 체벌 방법도 다시 두 가지로 나뉩니다. 싫어하는 것을 이용해 체벌하는 방법이 있고, 좋아하는 것을 빼서 체벌하는 방법이 있습니다. 앉아 교육을 할 때 점프하면 혼내는 게 첫 번째 체벌 방법이고, 앉으면 간식을 주다가 점프하면 간식을 주지 않는 것은 두 번째 방법입니다.

둘째, 행동 후에 바로 결과가 나타나야 이해합니다. 앉아 교육을 할 때 앉음과 동시에 간식을 주면 개들이 잘 이해하지만, 앉고 나서 5초 뒤에 간식을 주면 무엇을 칭찬하는지 이해하지 못합니다.

셋째, 결과가 반려견에게 칭찬인지 체벌인지 생각해봐야 합니다. 택배기사가 초인종을 누를 때 강아지가 짖고, 뒤이어 택배기사가 볼일을 보고 돌아간 상황을 가정해봅시다. 이때 택배기사가 돌아간 사건은 개가 원하는 상황이 달성된 것이고 그 자체로 내적 만족에 의한 칭찬이 됩니다. 비슷한 예로, 보호자가 귀가할 때 강아지가 관심을 끌려고 점프한 경우, 보호자가 혹시나 개가 다칠까 봐 안아주는 상황은 결국 개 입장에서는 칭찬으로 작용합니다. 당연히 위의 두 가지 상황 모두에서 개의 문제 행동은 더욱 심해질 수밖에 없습니다.

이처럼 강아지의 특정 행동 뒤에는 우리 자신도 모르는 칭찬 또는 체벌이 도사리고 있고, 그런 이유로 우리가 쉽게 이해하지 못하는 행동이 반복적으로 나타나는 거죠.

타이밍과 보상이 중요하다

인생은 타이밍이라는 말이 있습니다. 개를 교육할 때도 타이밍이 가장 중요합니다. 개는 어떤 자극 또는 행동 후에 바로 결과(칭찬, 체벌)가 나와야 이해합니다. 가장 좋은 타이밍은 앞서 말했듯이 0.5초 이내입니다. 그보다 조금 늦어도 칭찬을 통한 교육은 부작용이 없어서 별문제를 일으키지 않지만 이해하는 속도가 늦어질 수 있습니다.

하지만 사실 0.5초 이내에 칭찬을 하기는 쉽지 않습니다. 잘한 행동을 보자마자 간식 주머니를 향해 손을 넣어도 벌써 0.5초는 훌쩍 지나갔을 겁니다. 이때 필요한 것이 클리커 같은 연결자극bridging stimulus입니다.

클리커는 누르면 딸깍 소리가 나는 도구인데, 사실 클리커는 대단한 게 아닙니다. 간단히 말해 개를 교육할 때 정확한 타이밍을 잡아주기 위해, 즉 보상을 주는 시간을 벌고 정확히 어떤 행동에 대해 칭찬받는 건지 알려주기 위한 도구입니다. 그래서 저는 클리커를 칭찬 번역기라고도 부릅니다.

우선 아무것도 시키지 않고 클릭-간식을 반복합니다. 이것을 클리커로딩(클리커 이해하기)이라고 합니다. 앞서 말한 고전적 조건화에 해당하죠. 이 과정을 반복하면 개는 클릭 소리만 나도 간식이 나온다는 사실을 알고 그 소리에 좋은 감정을 가지게 됩니다. 그래서 우리가 개의 어떤 행동을 보고 클리커를 누르면 개는 '아! 이 행동이 잘한 행동이구나. 곧 칭찬을 받겠구나' 하고 인식하게 됩니다.

클리커 교육의 기본은 절대 억지로 강제하지 않고 개가 스스로 먼저 행동할 때까지 기다리는 것입니다. 그리고 좋은 행동을 할 때만 클릭하고 칭찬해주면 됩니다. 간혹 어떤 사람은 클리커를 한 번 누르면 '이리 와', 두 번 누르면 '앉아'라는 식으로 쓰는데 그건 아주 잘못된 방법입니다. 클리커는 항상 한 번만 누르고 그 의미는 '아주 잘했어! 그 행동이 내가 원하는 행동이야. 잘했으니까 상을 줄게'가 되어야 합니다.

그런데 왜 굳이 클리커라는 도구를 쓸까요? 클리커 소리는 아주 독특합니다. 평소에 반려견이 들을 수 없는 소리죠. 그래서 클리커 소리가 들리면 '아, 이게 내가 잘하는 행동이구나'라는 걸 더 잘 인식할 수 있습니다. 클리커를 사용할 수 없다면 가족들끼리 "옳지" "그렇지" 같은 칭찬 단어를 하나 정해서 클리커 교육의 원리를 적용할 수 있습니다. 하지만 그 소리가 평소에 우리가 하는 말과 구분하기 어려워 인식하는 데 시간이 오래 걸릴 수 있습니다.

교육할 때는 보상도 상당히 중요합니다! 보상이란 보상받는 대상이 가장 좋아하는 것이어야 합니다. 그래서 보통은 주로 간식을 사용합니다. 개가 먹을 걸 좋아한다고 생각해서죠. 하지만 보상의 종류에 간식만 있을까요?

클리커 사용 시 주의사항

클리커 교육 시 가장 중요한 것은 클릭한 뒤 간식 주는 손이 움직여야 한다는 것입니다. 많은 사람이 급한 마음에 클릭을 하면서 간식 주는 손을 움직이는데 그럴 경우 개가 칭찬의 의미인 클릭 소리보다 간식 주는 손에만 집중하게 됩니다. 이렇게 되면 정확히 어떤 타이밍에 칭찬받는지 인식하지 못하고 교육 속도가 늦어질 수 있습니다. 만약 강아지가 소리를 듣지 않고 간식 주는 손에만 너무 집중한다면 뒷짐을 진 상태로 하면 됩니다.

사실 동물행동학을 배우기 전까지 저는 개라는 동물을 과소평가했습니다. 개가 복잡한 생각은 할 줄 모르는, 단순한 기계 같다고 여겼습니다. 칭찬을 통한 교육을 처음 접했을 때도 '맞아. 간식을 주면 애들이 엄청 좋아하지. 이거 하나면 모든 문제를 고칠 수 있을 거야'라고 착각했죠. 하지만 동물행동학을 공부하면서 그런 고정관념은 모두 사라졌습니다. 개는 제가 생각한 것보다 훨씬 복잡한 생각을 하고 항상 자신의 주변 환경에서 무엇인가를 알아내려 하고 있었습니다. 단순히 먹는 것만 바라보며 사는 동물이 아니었던 거죠.

개마다 그리고 상황마다 필요한 보상은 다릅니다. 어떤 개는 간식보다 장난감을 좋아하고 어떤 개는 장난감보다 스킨십을 더 좋아합니다. 또 아무리 간식을 좋아하는 개라도 상황에 따라 간식보다 더 좋은 보상이 있을 수도 있습니다. 산책줄을 하고 밖으로 나가고 싶어서 현관문을 긁는 개에게는 문을 열어주는 것이 보상입니다. 무서운 상황에서는 보호자가 안아주는 것이, 산책 상황에서는 고양이를 쫓아가는 것이 간식보다 더 좋을 수 있죠. 고양이를 쫓는 개들을 교육해보면 간식으로 부르거나 혼을 내도 소용이 없는 경우가 많습니다. 바로 고양이를 쫓는 행동이 주는 내적 만족이 훨씬 더 높기 때문입니다.

어떤 상황에서 우리 개가 무엇을 원하는지 파악해서 적절한 보상을 해주는 것은 바로 보호자의 몫입니다! 사람도 그렇듯, 내가 한 일에 대한 보상의 가치가 높아야만 더 열심히 그 일을 하게 됩니다. 개도 마찬가지입니다. 우리 개가 진정 원하는 것이 무엇인지, 어떻게 하면 보상의 가치를 높일 수 있는지 고민한다면 교육 효과를 훨씬 높일 수 있습니다.

보상의 가치를 높이려면 일단 공짜로 주는 간식의 양을 줄여야 합니다. 잘한 것 없이 간식을 던져주다 보면 간식 가치가 떨어지는 건 당연합니다. 또 개는 조삼모사가 통하는 동물입니다. 한꺼번에 큰 간식을 주는 것보다 조그맣게 잘라서 여러 번 나누어 주는 편이 더 좋습니다. 그 밖에 '간식 월드컵'을 해보고 가장 좋아하는 것부터 순서대로 기록한 뒤 가장 좋아하는 간식은 가장 어려운 교육을 할 때 주는 것도 방법입니다.

놀자고 깨무는 강아지는 개무시가 정답

간혹 성격이 활달한 강아지들은 보호자에게 달려들어 함께 놀자며 몸을 깨물기도 합니다. 어떤 보호자들은 그런 강아지들에게 겁을 내기도 하죠. 사실 이런 문제는 아주 흔하면서도 별로 힘들이지 않고 고칠 수 있습니다. 먼저 강아지들이 어떤 동물이고 어떻게 학습하는지 이해하는 게 필요합니다.

강아지는 왜 놀자고 무는 행동을 할까요?

'놀자고 물기play biting'는 강아지에겐 아주 정상적이고 자연스러운 행동입니다. '강아지들에겐 입이 곧 손'이기 때문이죠. 특히 어린 시절 이빨이 빠지고 다시 나는 과정에서 입이 간지

럽다 보니 이런 행동이 더 잘 나타납니다. 만약 반려견이 성견이 되어서도 계속해서 이런 행동을 보인다면 배우는 과정에서 강아지가 무엇인가 오해했을 가능성이 큽니다.

강아지들은 어린 시절 엄마와 동배 새끼들과 놀면서 무는 강도를 배웁니다. 얼마나 물어야 하는지, 언제 그만 물어야 하는지를 놀이를 통해 배우는 거죠. 그런데 보통 펫숍에 있는 강아지들은 너무 이른 기간에 가족들과 떨어진 나머지 이런 중요한 것들을 배우지 못하는 경우가 많습니다.

두 번째, 분양받은 뒤 가족들의 교육 방법에 문제가 있었을 가능성이 있습니다. 혹시 '강아지들은 악플보다 무플을 무서워한다'라는 말 들어보셨나요? 즉 강아지가 반려인의 무관심을 제일 견디기 힘들어한다는 뜻입니다. 이것이 우리가 강아지들을 교육할 때 가장 중요하게 생각해야 하는 부분입니다.

많은 사람이 강아지가 손을 물거나 바짓가랑이를 물면 "하지 마"라고 밀어내면서 '밀당'을 하곤 합니다. 하지만 강아지들은 서로 물고 밀고 당기는 놀이를 즐깁니다. 보호자는 하지 말라는 의미로 말하면서 미는 거지만, 강아지 입장에선 오히려 '보호자가 나와 놀아주고 있구나' 하고 생각하는 것이죠.

조금 더 이해하기 쉽도록 말하자면 강아지들은 '관종'입니다. 흔히 우리가 말하는 '관심 종자'라는 부정적인 의미가 아니라 강아지들이 우리의 관심을 먹고 자란다는 의미에서 그렇습니다.

혹시 강아지가 얌전히 기다리거나 앉아 있을 때 잘했다고 칭찬하면서 먼저 강아지가 좋아하는 놀이를 해준 적이 있나요? 아마 없을 겁니다. 관심을 먹고 사는 강아지 입장에서 생각해봅시다. 보호자가 으레 칭찬해야 할 행동, 즉 안정적이고 얌전한 행동을 할 때는 관심을 전혀 주지 않다가 다가가서 손을 물면 나에게 관심을 보이고 밀당 놀이를 해줍니다. 여기서 강아지들은 무엇을 배울까요? 맞습니다. '내가 먼저 손 물기 놀이를 시작하면 나에게 관심을 보여주고 놀아주는구나'라고 배웁니다. 그래서 그런 행동을 더욱 많이 하게 되는 거죠.

이때 보호자의 반응이 클수록 강아지가 받아들이기에는 더 흥분되고 재미있는 놀이가 됩니다. 간혹 물리기 싫어서 손을 숨기면 강아지가 짖게 됩니다. 손을 숨기면 강아지가 짖는 행동도 아주 자연스러운 현상입니다. 이런 현상을 우리는 '소거 격발extiction burst'이라고 부릅니다. 평소 먹히던 행동이 무시당하고 통하지 않으면 그 행동을 더 심하게 하는 것이죠. 만약 우리가 자판기에 동전을 넣었는데 자판기가 돈만 먹고 음료수가 나오지 않는다면 어떻게 할까요? 화가 나서 자판기를 두드리거나 흔들기 시작할 것입니다. 하지만 계속해도 음료수가 나오지 않

“관심 좀 주시개…”

는다면 이내 포기하고 말겠죠. 그런데 많은 보호자가 강아지의 소거 격발을 이겨내지 못하고 금방 포기하곤 합니다. 하지만 이 시기만 지나간다면 잘못된 행동은 차근차근 줄어듭니다. 포기하지 말고 인내심을 가져야 합니다.

자, 그럼 놀자고 무는 강아지를 대체 어떻게 교육해야 할까요? 우선 관리적인 측면에서 말하자면 강아지를 위한 충분한 산책과 놀이가 먼저 이루어지면 좋습니다. 특히 어린 강아지들은 에너지가 넘칩니다. 에너지를 소모할 만큼의 산책과 놀이를 해주지 않는다면 강아지들은 남는 에너지를 우리가 흔히 말하는 문제 행동으로 표출합니다. 그래서 저와 같은 행동학을 공부하는 수의사들은 항상 "피곤한 개가 행복한 개다"라고 말합니다. 강아지가 피곤할 수 있도록 산책도 자주 해주고 물기를 좋아하는 강아지에게 적절한 장난감과 놀이를 제공해야 합니다. 놀이로는 '줄다리기 놀이(터그 놀이)', 그리고 장난감으로는 안전하게 물고 씹을 수 있으며 간식을 넣어줄 수 있는 '콩토이kong toy' 등을 추천합니다.

두 번째로 교육적인 측면을 살펴봅시다. 앞서 말했다시피 강아지들은 악플보다 무플이 견디기 힘듭니다. 문제 행동 해결의 기본은 잘한 행동은 칭찬하고 잘못된 행동은 무시하는 것입니다. 당연히 손을 물 때는 무시해야 합니다.

그런데 제가 상담을 하면서 "무시하세요"라고 말하면 많은 보호자가 아이의 눈을 쳐다보면서 아무 반응을 하지 않는 게 무시라고 생각합니다. 강아지들에겐 '아이 콘택트'도 관심이자 보상입니다. 고개를 돌려 눈빛도 마주치지 말고 두 손은 팔짱을 끼고 나무처럼 서서 무시해야 합니다. 물론 처음에는 되던 것이

놀이 공격성을 해결하는 또 다른 팁

1. 아프다고 표현하기

강아지들이 무는 강도를 배우는 시기는 1차 사회화인 생후 3~8주입니다. 이때 같이 태어난 강아지들이나 엄마 개와 깨물고 놀면서 무는 강도를 배우죠. 이와 비슷하게 강아지가 사람의 손을 무는 순간 바로 '아' 하는 소리를 강하게 내고 그 자리를 뜨는 것도 도움이 됩니다. 여기서 중요한 것은 타이밍입니다. 강아지 이빨이 손에 닿는 순간 소리를 내야 합니다.

2. 생각의 방 교육

'타임아웃'이라고도 하는 이 방법은 보호자와 강아지의 공간 분리가 핵심입니다. 강아지를 일정한 공간에 2~3분 동안 두고 물려고 하는 흥분이 가라앉도록 해주세요. 여기서 중요한 점이 있습니다. 강아지를 가둬두는 공간이 좋아하거나 익숙한 곳이어야 합니다. 무서운 공간에 가둬 체벌하는 게 아니라 '내가 이렇게 하면 보호자와 떨어지는구나' 하고 인식시키는 게 목적입니다.

안 되니까 강아지가 더 크게 짖고 길게 짖을 수도 있습니다. 하지만 이때를 이겨내야 합니다. 그래서 강아지가 더 이상 물지도 짖지도 않고 얌전히 있으면 그때 물어도 되는 장난감으로 놀아주거나 간식으로 칭찬해주는 겁니다.

처음에는 보호자가 '무시하기'를 풀고 칭찬하려고 하면 곧바로 다시 손을 물려고 하는 경우도 있는데, 그땐 곧바로 다시 무시하면 됩니다.

간혹 어떤 보호자는 코나 엉덩이를 때리면서 혼을 내기도 합니다. 이것은 아주 좋지 않은 방법입니다. 강아지가 놀자고 무는 행동은 그 자체로 하나의 소통입니다. 우리가 다른 사람과 소통하려는데 상대방이 육체적으로 가해한다면 어떤 느낌이 들까요? 대인기피증이 생겨 다른 사람과 소통하는 것을 두려워할 수 있습니다. 강아지들도 마찬가지입니다.

앞서 여러 가지 문제해결 방법을 알려드렸죠. 제가 마지막으로 말씀드리고 싶은 건 "시간이 지나면 저절로 없어질 것이니 너무 걱정하지 마세요!"입니다. 사람과 마찬가지로 개도 성장 과정에서 나타나는 정상적 행동들이 있습니다. 우리가 어렸을 때를 떠올려보세요. 소리 지르며 뛰어다니고 아무것이나 입에 넣고 빨았던 것들을요. 그런 행동을 지금까지 하고 있진 않을 겁니다. 개들도 그렇습니다. 어린 시절에는 놀자고 소란을 피웁니다. 또 이빨이 간지러워서 깨무는 행동을 합니다. 아주 정상적인 성장 과정의 모습입니다. 오히려 저는 이 시기에 이런 행동을 하지 않는 강아지를 보면 "어디 아픈 곳이 있나?" 걱정할 정도입니다. 가끔 이 시기를 잘못 보낸 강아지가 성장 이후에도 유년기에나 보일 법한 행동을 하는 사례가 있긴 합니다. 하지만 아주 극소수에 불과하니 마음 놓으시고 아이들에게 조금 더 성장할 시간을 줘 보는 건 어떨까요?

싫어하는 것을 좋아하게 만들 수 있을까

많은 보호자가 힘들어하는 문제는 대부분 내 반려견이 특정한 무언가를 싫어한다는 데 있습니다. 유독 발톱 깎기를 싫어하고, 목욕하기를 싫어하고, 드라이하는 걸 싫어하는 등등 말이죠. 그럴 때면 때아닌 전쟁을 치르느라 온몸에 진땀이 납니다. 사람도 이렇게 힘드니 강아지 역시 마찬가지겠죠. 어떻게 하면 반려견이 싫어하는 것을 하도록 교육할 수 있을까요. 여기에는 크게 두 가지 방법이 있습니다.

첫 번째는 습관화입니다. 쉽게 말해 '싫어하는 것에 익숙해지기'라고 생각하면 됩니다. 싫어하던 것을 좋아하게 만든다기보다는 익숙해지게 하는 데 목적이 있습니다. 그래서 이 방법에는 보상을 사용하지 않습니다. 습관화는 다시 두 가지로 나뉩니다. 그중 하나가 홍수법flooding이고 다른 하나는 탈감작화desensitization입니다.

홍수법은 단어에서도 느껴지듯이 싫어하는 자극에 그대로 노출하는 방법입니다. 물을 싫어하는 아이를 바다에 빠뜨리는 거죠. 조금 더 극단적으로 비유하면 바퀴벌레를 무서워하고 싫어하는 사람에게 바퀴벌레와 친해지라고 바퀴벌레가 우글우글한 방에 들어가게 하는 것과 같습니다. 언뜻 앞뒤 재지 않는 무식한 방법 같지만 홍수법이 무조건 나쁘다고 말할 수는 없습니다. 정말 심한 자극을 주지 않는 선에서, 어떤 경우에는 홍수법만 효과가 있거나 더 빠르게 효과가 나타나기도 하니까요. 그래도 홍수법은 뒤에 나올 다른 방법을 시도한 다음 마지막으로 시도해보는 게 좋습니다.

홍수법보다 조금 더 부드러운 방법이 탈감작화, 바로 차근차근 익숙해지기입니다. 즉 낮은 단계부터 차근차근 자극에 노출하는 교육 방법입니다. 만약 물을 싫어하는 아이가 있다면 처음엔 발목 높이, 그다음엔 무릎 높이, 그다음엔 가슴 높이까지 물이 차는 곳에 들어가게 하는 식입니다. 당연히 홍수법보다 무리를 덜 주고 부작용도 적습니다. 앞서 든 예를 다시 들면, 바퀴벌레가 우글우글한 방에 바로 집어넣는 게 아니라 바퀴벌레 수를 한 마리, 두 마리 차근차근 늘려주면서 익숙해지게 하는 방법입니다. 그런데 이 경우에 '차근차근 늘려줘도 난 싫을 것 같은데? 아니, 오히려 하나씩 늘어나니까 더 공포스러울 것 같은데?'라고 생각하는 사람도 있을 겁니다. 이 단점을 보완해줄 수 있는 방법이 바로 역조건 형성counterconditioning입니다.

습관화가 아무런 보상 없이 갑자기 또는 천천히 자극에 노출하는 방법이라면, 역조건 형성은 자극에 노출할 때 가장 좋아하는 보상을 주어서 그 자극에 대한 심리를 긍정적으로 바꾸는 방법입니다. 만약 바퀴벌레를 싫어하는 사람에게 바퀴벌레를 볼 때마다 돈을 준다고 하면 어떨까요? 아마 그냥 바퀴벌레를 보는 것보다는 훨씬 나을 겁니다.

또 아무리 돈을 준다고 하더라도 한꺼번에 너무 많은 바퀴벌레가 있는 곳에 들어가게 하는 것보다 한 마리 한 마리 늘려가는 상태에서 돈을 주는 게 감정적 측면에서 더 받아들이기 편하겠죠. 이런 식으로 차근차근 자극을 늘려가는 상태에서 자극과 보상을 연결하는 탈감작 역조건 형성desensitization counterconditioning, DSCC이 가장 많이 사용되는 방법입니다.

발톱 깎기를 싫어하는 개를 예로 들어 지금까지 언급한 방법을 정리해보죠. 먼저 발톱을 억지로 깎으면서 저절로 익숙해지게 하는 것이 홍수법입니다. 처음에는 발톱만 건드리고, 그

뒤부터는 발톱을 깎는 척만 하고, 마지막으로 발톱을 깎는 것은 탈감작법에 해당합니다. 또 발톱을 건드리면서 간식을 주고, 발톱을 깎는 척하면서 간식을 주고, 마지막으로 발톱을 깎으면서 간식을 주면 탈감작 역조건 형성법에 해당합니다.

한마디로 말해 내 반려견이 싫어하는 것을 좋아하게 만드는 교육에서 잊지 말아야 할 핵심은 두 가지입니다. 낮은 단계부터 차근차근 자극을 더해가면서, 자극을 줄 때마다 반려견이 가장 좋아하는 보상과 연결하는 것이죠.

스트레스는 공격성을 키울 뿐이다

제가 다니던 대학교 옆에는 서울 어린이대공원이 있었습니다. 어느 날 학교 전체에 난리가 난 적이 있습니다. 어린이대공원에서 코끼리 쇼를 하던 코끼리들이 집단으로 탈출해 난동을 피웠기 때문입니다. 코끼리 가운데 한 마리는 학교 옆 음식점 유리창을 깨고 들어갔고, 다른 한 마리는 학교로 들어와 곳곳에 똥 지뢰를 만들고 돌아다녔습니다. 또 다른 한 마리는 꽤 먼 한강공원까지 갔다가 거기서 붙잡혔습니다.

그때만 해도 동물행동학과 동물복지에 지금처럼 관심이 없던 시절이라, 그냥 기억에 남을 하나의 이벤트 정도로만 생각했습니다. 그런데 그로부터 얼마 지나지 않아 태국 코끼리들이 채찍으로 맞아가며 쇼를 하는 모습을 담은 다큐멘터리를 보게 됐습니다. 그 순간 어린이대공원의 코끼리들도 오랜 시간 체벌에 순응하며 살아왔던 게 아닐까 하는 의문이 들었습니다. 훈련 과정에서 쌓인 분노와 스트레스가 어느 순간 폭발해 집단 탈출로 이어졌을지도 모를 일이라고요.

체벌도 그렇습니다. 지속적으로 체벌당한 동물은 언제 터질지 모르는 시한폭탄과 같습니다.

앞에서 체벌은 반려견과 보호자 사이의 유대감을 깨뜨린다고 했습니다. 이뿐만이 아닙니다. 지속적인 스트레스는 반려견 체내의 호르몬 대사도 바꿔놓습니다. 뇌의 불안을 관장하는 부분인 편도체가 예민해질 뿐 아니라 행복 호르몬이라 불리는 세로토닌도 감소합니다. 세로토닌이 감소하면 공격성이 증가한다는 연구 결과가 있습니다. 이것은 사람뿐 아니라 동물에게도 공통으로 적용되는 사실입니다.

지금 당장은 체벌이 개의 문제 행동을 바로잡는 것처럼 보일 수 있습니다. 그러나 그것은 단지 학습성 무기력에 의한 행동일 뿐입니다.

예를 들어 보호자가 집에 들어올 때 크게 반기며 계속 점프하는 개가 있다고 칩시다. 보호자는 이런 행동을 고쳐보겠다고 개가 점프할 때마다 소리를 지르거나 페트병을 두들기거나 무릎으로 밀쳐냅니다. 그럼 개는 어떤 느낌을 받을까요? 보호자가 집에 왔다는 게 기뻐서, 보호자가 좋아서 자기감정을 표현하는 행동이 체벌 이유가 되면 어떤 생각을 하게 될까요?

마치 우리가 어릴 때 퇴근하는 아버지를 향해 "아빠~" 하며 뛰어나갔는데 아버지가 "아빠 피곤하니까 저리 가"라고 혼냈을 때와 똑같은 느낌을 받을 것입니다. 혼란스러운 감정과 더불어 체념이 뒤를 잇습니다. 이런 일이 반복되면 개는 학습성 무기력에 빠져 아무것도 하지 않으려 들 수 있습니다.

스트레스가 더 쌓이면 어린이대공원의 코끼리처럼 돌발성 문제 행동을 일으킬 가능성도 커집니다.

으르렁거릴 때는 왜 혼내면 안 될까

우리나라에서 보기 드문 견종인 필라 브라질레이로가 있습니다. 브라질의 국견이죠. 저도 한번 이 견종을 상담한 적이 있습니다. 이름이 테세우스였는데, 개인지 호랑이인지 헷갈릴 정도로 범상치 않은 외모에 몸무게가 70킬로그램에 육박하는 대형견이었습니다. 웬만한 성인 남성도 감당하기 힘들 정도로 힘이 셌습니다. 테세우스는 평소에는 가족들 앞에서 애교도 잘 부리고 순한 모습이었지만 가족 이외의 사람에게는 극심한 경계심을 보이고 공격성을 드러냈습니다. 워낙 거구라서 산책할 때 테세우스가 사람들에게 달려드는 것을 막는 것도 보호자에게는 버거운 일이었습니다. 보호자가 테세우스의 힘을 이기지 못해 끌려가면서 당황하고 크게 소리칠수록 더욱 통제하기 어려운 상황이 발생했습니다.

보호자들이 반려견을 체벌할 때 가장 많이 사용하는 도구는 줄을 잡아당길수록 목이 졸리는 '초크체인'입니다. 개들이 '이렇게 하면 내 목이 졸리고 아프다'라는 걸 알게 하려는 목적으로 사용하죠.

그런데 사실 초크체인은 웬만큼 당겨서는 개에게 고통을 주기 힘듭니다. 특히 초크체인이 줄어들어 목이 졸리는 상황은 대부분 개가 흥분했을 때 발생하기 때문에 고통을 잘 느끼지도 못합니다. 어린 시절 친구들과 치고받고 싸우던 때를 생각해봅시다.

막 싸움을 하던 그 순간에는 상처가 나도 잘 모르다가 나중에 흥분이 가라앉으면 그제야 몸에 피가 나고 곳곳이 아프다는 것을 인식하게 됩니다. 개도 마찬가지입니다. 보호자가 체벌하는 상황은 보통 개가 매우 흥분해 있을 때라 초크체인을 당겨도 그걸 체벌로 인식하지 못합니다.

저는 이런 상황에서 개가 말을 듣지 않는다고 계속 강하게 체인을 잡아당기다가 기도 연골이 무너져 평생 기침을 달고 살게 된 개도 보았습니다.

마지막으로 개를 체벌하면 안 되는 이유가 있습니다. 체벌이 반려견의 경고 신호를 없앨 수 있기 때문입니다. 개는 스트레스를 받으면 각종 행동으로 자기 상태를 표현합니다.

그중 마지막 단계에 나타나는 '으르렁거리기growling'의 의미는 '마지막 경고'에 해당합니다. 이때 알아야 할 것은 그 신호에 함축돼 있는 전제조건입니다. 바로 "나는 싸우기 싫으니까 그만해"라는 개의 속마음이죠.

상대방을 우습게 알고 싸우고 싶어 하는 개의 경우 결코 '으르렁' 소리를 내지 않습니다. 자신보다 작은 동물을 사냥할 때 으르렁거리는 동물을 본 적 없으실 겁니다. 지금 개는 보호자와 소통이 되지 않고 보호자가 자기 의사를 들어주지 않으니 답답한 겁니다. 그래서 마지막으로 이야기하는 것이죠. "나는 싸우기 싫으니까 그만했으면 좋겠어"라고요. 이때 우리가 흔히 알고 있는 대로 "이건 상대방을 우습게 알 때 보이는 행동이니 한번 혼을 내야겠어"라며 제압하려 한다면 상황은 더욱 심각해질 것입니다.

문득 중고등학생 때 제가 부모님과 마찰을 빚던 시절 모습이 생각납니다. 많은 분들이 제가 순탄하게 성장했을 거라고 생각하시지만, 사실 저도 부모님 말씀을 그리 잘 듣는 학생은 아니었습니다. 큰 소리로 대들고 방에만 틀어박혀 있던 적도 많았습니다. 그런 순간 제가 부모님을 우습게 본 것은 아닙니다. 제

속마음은 "우리 부모님은 왜 내가 싫다는 것을 억지로 하라고 할까. 왜 내 의견은 받아들여주시지 않을까. 말이 안 통해서 속상해"였죠.

지금 내 앞에서 으르렁거리는 개의 마음은 무엇일까요. 우리가 개의 언어를 오해해 오히려 상황을 더욱 나쁘게 만들고 있는 건 아닐까요?

그런데 보호자들은 대부분 개가 으르렁거리면 버릇이 없다고 더 심하게 혼을 냅니다. 사실 개가 으르렁거릴 때 체벌하면 대부분 상황이 좋아지기는커녕 더욱 나빠질 뿐입니다. 으르렁거리지 않고 곧바로 보호자를 무는 행동을 하기도 합니다. 그럼 어떻게 해야 할까요? 결국 개도 사람과 마찬가지로 칭찬을 통해 교육해야 합니다.

또 다른 방법도 있습니다. 그중 하나는 앞서 소개한 고전적 조건화를 이용하는 것입니다(본문 189쪽 참고). 손님을 보고 짖는 강아지가 있다면, 그 손님이 반복적으로 간식을 주도록 하는 겁니다. 이런 상황이 반복되면 아이는 손님을 '침입자'가 아니라 선물을 주는 '산타클로스'로 인식하게 됩니다. 영역방어 공격성의 가장 근본적인 원인, 즉 "우리 가족 영역에 들어오는 사람은 침입자야"를 없애는 방법입니다. 다만 오랜 시간 한 사람이 반복적으로 간식을 주고, 그 뒤 다른 사람이 같은 행동을 반복하면서 점점 경험을 늘려나가야 한다는 점에서 한계가 있습니다.

이 과정을 단축할 수 있는 '꿀팁'으로 '벨소리 끄기'와 '문과 중문 열어두고 들어오기'를 알려 드립니다. 개들은 고전적 조건화에 의해 벨소리가 울리면 침입자가 들어온다는 고정관념을 갖고 있는 경우가 많습니다. 벨소리가 나지 않거나 문소리가 들리지 않는 상황에서 손님이 들어오는 것만으로도 흥분도가 낮아져 문제가 해결될 수 있습니다. 단 이 방법은 실질적으로 공격성을 보인 적 없는 아이에게만 사용해 보시는 걸 추천합니다.

마지막으로 입장 순서 바꾸기가 있습니다. 이 방법은 손님이 매우 친밀한 사이라 가족 없는 집에 미리 들어와 있어도 걱정이 없을 때 사용할 수 있습니다. 개의 영역방어 공격성은 어찌 보면 소유공격성과 비슷합니다. 소유공격성은 선점이 중요해서, 대부분의 개는 선점하지 못한 자원(먹을 것, 영역)에 대해서는 공격성 강도가 줄어듭니다. 빼앗으려고 하지 않는 경우가 많습니다. 이것을 이용해 손님이 오기 전 보호자와 개가 산책을 나갑니다. 집에 돌아와 보면 이미 손님이 거실에 앉아 있도록 하는 거죠. 개가 산책할 때 다른 사람에게 공격성을 보이지 않는 성향을 갖고 있다면, 아예 손님을 마중 나가 같이 산책을 한 뒤 집에 들어오는 것도 시도해볼 수 있습니다. 이렇게 하면 문제 행동의 강도가 줄어들거나 없어지는 경우가 많습니다.

올바른 칭찬 교육법

1. 칭찬은 관대하게

'살까 말까 고민될 땐 사지 말고, 할까 말까 고민될 땐 해라'라는 말이 있습니다. 칭찬은 부작용이 없습니다. 칭찬할까 말까 고민된다면 칭찬해주세요!

2. 항상 칭찬할 수 있도록 준비하라

강아지는 눈치게임의 대가입니다. 그리고 자신의 행동 중 어떤 것이 자신에게 이득이 되는지 잘 이해합니다. 간식 서랍이 열릴 때만 보상해준다면 오직 그 소리가 들릴 때만 말을 듣게 됩니다. 간식 주머니를 항상 차고 다니기 어렵다면 조그맣게 자른 간식을 종이컵에 넣어 집 안 곳곳에 두고 칭찬할 때마다 줘보세요!

3. 칭찬할 거리를 찾아라

사람들은 대개 잘한 행동에는 그다지 반응하지 않다가 못한 행동을 할 때만 신경을 곤두세우고 혼을 냅니다. 방법을 바꿔서 평소에도 칭찬할 거리를 일부러 많이 찾아 칭찬해주세요. 작은 칭찬이 쌓이면 강아지 스스로 잘한 행동을 더 많이 하려고 할 겁니다.

강아지는 왜 택배 기사를 싫어할까?

우리에게는 그 누구보다도 '반가운 손님'이 바로 택배 기사와 배달 기사입니다. 주문한 물건이 도착하는 순간 기대감이 최대치로 부풀어 오릅니다. 하지만 그 기쁜 순간을 힘들게 하는 가족이 있습니다. 바로 반려견입니다. 택배 기사만 오면 어김없이 짖어대며 우리를 곤혹스럽게 합니다. 왜 반려견들은 이렇게도 반가운 손님들을 싫어하는 걸까요?

우선 첫 번째로 '사회화 부족'을 들 수 있습니다. 2~3개월령의 반려견은 사회화 과정에서 가장 중요한 때를 겪고 있다고 볼 수 있습니다. 많은 사람을 만나 좋은 경험을 해야 성견이 돼서도 사람을 대할 때 느끼는 불안한 감정이 사라집니다. 물론 문제 행동을 나타내는 강아지들도 2~3개월 새 많은 택배기사가 왔다 가는 걸 보았을 겁니다.

그런데 왜 갑자기 어느 순간부터 짖으면서 공격적인 모습을 보일까요? 여기서 중요한 조건이 바로 '좋은' 경험입니다. 중립적인 경험조차 반려견이 '개춘기'에 들어가면 언제든지 좋지 않은 쪽으로 흘러갈 수 있습니다.

이런 상황을 막기 위해 강아지 때부터 기사가 오면 강아지가 가장 좋아하는 간식을 던져주는 것이 좋습니다. 보통 이렇게 말씀드리면 간식을 조금 던져주는 경우가 많은데 이때는 오히려 차고 넘치는 것이 좋습니다. 아예 '간식 파티'를 해줘서 강아지에게 정말 좋은 기억을 남기는 겁니다. 큰 간식 하나가 아니라 아주 작게 자른 간식 5~10개 정도를 정해진 장소에 뿌려주는 것도 아주 좋은 방법입니다. 혹시 반려견을 좋아하는 기사님이라면 간식을 직접 주시라고 부탁하는 것도 좋은 방법입니다.

두 번째는 영역 본능입니다. 개는 '무리 동물'입니다. '무리'인 가족과 떨어져 있을 때는 불안 증상을 보입니다. 반려견이 무리 동물이라고 해서 영역적 본능이 없지 않습니다. 반려견은 자기 영역이 침범당하면 불안해하고 방어적이 되어 공격 성향을 보일 수도 있습니다.

여기서 잠깐 반려견의 심리로 들어가보겠습니다. 반려견은

"내가 누구냐고?
가족을 지키는 보안관이라고 해두지."

번호 키가 눌리는 소리가 나면 사랑하는 가족들이 들어오고 '딩동' 벨 소리나 문 두드리는 소리가 나면 낯선 사람이 들어온다는 사실을 인지하게 됩니다. 그래서 벨 소리가 들리면 일단 침입자로 인식하고 짖기 시작하죠. 강아지가 짖어대니 보호자는 손님을 들이기 위해 어쩔 수 없이 반려견을 안고 문을 엽니다.

이때부터 문제가 시작됩니다. 보호자에게 안긴 반려견은 자신이 한 행동에 대해 칭찬을 받았다고 생각합니다. 여기에 더해 물건만 전달하고 신속히 돌아가는 택배 기사를 보면서 '아! 내가 짖어서 내 영역을 지켰구나'라고 믿죠. 이것을 우리는 내적 만족이라고 합니다.

반려견은 우리도 모르는 사이 '짖는 행동에 대한 보상'을 받은 것입니다. 보호자의 관심과 침입자의 사라짐. 이 상황이 반복되면 반려견은 짖는 행동을 더 많이 할 수밖에 없습니다.

그럼 이런 행동 문제는 어떻게 해결할 수 있을까요?

벨 소리가 나면 가장 좋아하는 간식을 일정한 공간에 던져주고 벨 소리와 간식이 연결되도록 해야 합니다. 혹시라도 반려견이 이미 벨 소리를 침입자의 신호로 인식했다면 훨씬 더 많은 노력이 필요합니다. 이때는 보통 부정적 인식이 성립되기 전보다 10배 이상의 노력과 인내심이 요구되죠.

'크레이트 교육(175쪽)' 또는 '마법의 양탄자 교육(277쪽)'이 효과적입니다. 벨 소리가 나면 반려견의 집(하우스 안)이나 정해진 공간(매트 위)으로 이동하게 하는 거죠. 이때 물리력을 사용해 억지로 공간에 앉히는 것보다는 간식이나 장난감을 이용해 자발적인 움직임을 유도하도록 합니다. 교육할 때는 벨 소리를 녹음해 작은 소리부터 들려주고, 천천히 소리를 키우면서 간식을 주는 방법이 좋습니다. 이런 식으로 벨 소리가 날 때 지정된 공간에 앉아 기다리고 있으면 좋은 일이 생긴다는 것을 알게 해주면 됩니다.

벨 소리 녹음 교육의 한계

벨 소리 녹음 교육을 하고 어느 정도 시간이 지나면 강아지들은 실제 벨 소리와 녹음된 벨 소리를 구별할 수 있습니다. 인터폰 화면이 켜지는지 아닌지를 보고 실제 손님이 오는지 확인하는 강아지도 있습니다. 강아지가 눈치챈다 싶으면 번거롭더라도 가족이 직접 밖에 나가 벨을 누르고 교육하는 것이 좋습니다.

세상에
물지 않는 개는 없다

미국에 동물행동학을 공부하러 갔을 때 행동 전문의 교수님께서 하셨던 말씀이 있습니다. "세상에 물지 않는 개는 없다!" 물지 않을 것 같은 강아지들도 극한 상황이 오면 결국 자기 방어를 위해 문다는 거였죠. 사실 그 말을 처음 들었을 땐 완전히 동의하기 어려웠습니다. 하지만 행동 전문 수의사로서 많은 상담을 하다 보니 그게 꼭 틀린 말은 아니란 사실을 알게 되었습니다.

얼마 전 지인에게서 연락이 왔습니다. 제가 진료했던 조그만 몰티즈가 산책을 나갔다가 줄이 풀린 대형견에 물려 무지개 다리를 건넜다며, 어떻게 해야 하는지 물어왔습니다. 그러고 얼마 지나지 않아 인터넷상에 작은 푸들을 물어 죽인 허스키 영상이 올라오면서 사회적으로도 큰 파장을 일으켰습니다. 이런 안타까운 사고는 왜 일어날까요?

대부분의 반려동물 관련 사고는 '나는 우리 집 강아지에 대해서 정확히 안다'는 보호자의 자신감과 맹신에서 비롯됩니다. 사람들은 대개 "우리 개는 물지 않아요"라고 말합니다. 사실 저도 우리 집 반려견이 다른 강아지나 사람을 물지 않을 확률이 훨씬 높다는 걸 알고 있습니다. 하지만 그래도 목줄을 절대 풀지 않고, 다른 사람이나 강아지와 만날 때면 몸짓 언어를 유심히 살핍니다. 혹시나 싫다는 표현을 하는지, 혹시 조금만 더 하면 물겠다는 표현을 하는 게 아닌지 주시하는 겁니다.

강아지는 기계가 아닙니다. 그동안 그러지 않았다고 해서 앞으로도 절대로 물지 않는다고 단정해서는 안 됩니다. 강아지도 사람처럼 그날그날의 컨디션이 있습니다. 만약 어딘가 아프거나 많이 피곤하면 완전히 다른 모습을 보일 수도 있습니다. 또 중성화를 하지 않은 강아지는 발정주기에 따라 호르몬의 영향을 받기도 합니다.

그럼 혹시 모를 사고를 막으려면 어떻게 해야 할까요? 우선 개의 언어를 공부하고 잘 관찰해야 합니다. 사실 개는 우리와 항상 대화하려고 노력하고 있습니다. 단지 우리가 공부를 안해서 이해하지 못할 뿐입니다. 강아지가 다른 강아지를 만났을 때, 그리고 사람을 만났을 때 다짜고짜 무는 경우는 많지 않습니다. (물론 심한 행동학적 문제가 있는 경우 방어적 공격성이 아닌, 상대를 해하고자 하는 공격적 공격성을 보이기도 합니다.) 물기 전에 나는 싫어, 멀리 떨어져줘, 조금만 더 하면 나는 널 물 거야 같은 신호를 보내게 됩니다. 이런 신호를 미리 알 수 있다면 안타까운 사고를 미연에 방지할 수 있습니다

두 번째로 강아지와 손을 놓지 않는 것입니다. 이제 두세 살 난 아이와 외출할 때 절대로 손을 놓지 않듯이 강아지와 외출할 때도 손을 놓지 않아야 합니다. 강아지와 외출할 때 잡은 손을 대신하는 게 바로 리드줄입니다. 저는 실제로 줄을 풀고 놀 수 있는 반려견 놀이터에서도 비상시를 대비해 짧은 줄을 달아 놓고 뛰어놀게 합니다. 그건 비단 우리 아이의 안전을 위한 것만은 아닙니다. 비반려인에 대한 에티켓이기도 합니다. 누군가에게는 한없이 사랑스러운 가족이라도 비반려인에게는 무서운 동물일 수 있습니다. 실제로 어렸을 적 강아지와 관련한 트라우마가 있거나 선천적으로 동물을 무서워하는 사람도 있습니다. 서로에 대한 배려가 있어야 진정으로 인정받는 반려인이 될 수 있습니다.

잘못된 칭찬이 반려견을 망친다

반려견을 키우면서 겪을 수 있는 가장 가슴 아픈 일은 뭘까요? 아마도 애지중지 돌보던 반려견에 물리는 일일 겁니다. '내 자식'이라고 생각하는 반려견이 나를 무는 건, 마냥 어리게만 생각해온 자식이 처음으로 반항하고 화를 내는 것만큼 충격적인 사건이 아닐까 싶습니다.

그런데 그런 일은 우리 생각보다 자주 일어납니다. 제 병원에도 반려견에 물린 뒤 상담하러 오는 보호자가 적지 않은데, 그중 상당수가 상담을 하면서 이내 눈물을 흘립니다.

반려견에 물리면 많은 보호자는 화를 내거나 체벌을 통해 문제를 해결하려 합니다. 하지만 결론부터 말하자면 이런 방법은 별 도움이 안 될 뿐 아니라 오히려 문제를 더 심각하게 만듭니다. 체벌은 개에게 체벌을 피하는 방법만 가르칠 뿐입니다. 또 많은 개가 더 강한 공격성을 드러내서 체벌을 피하려 합니다.

만약 반려견에 물리는 상황이 발생한다면 좀 더 차분하게 상황을 파악해야 합니다. 반려견은 대체 왜 보호자를 공격하는 걸까요?

개의 공격성을 분류하는 방법에는 여러 가지가 있지만 기본 감정에 따라 분류하면 크게 세 가지로 나눌 수 있습니다. 첫 번째가 우월성에 의한 공격성dominance aggression, 두 번째가 갈등에 의한 공격성conflict aggression, 세 번째가 불안에 의한 공격성fear aggression입니다.

우선 많은 사람이 생각하는 것만큼 개가 서열에 의한 공격성을 나타내는 사례는 아주 드뭅니다. 전 세계 동물 전문가들은 입을 모아서 "개가 사람과의 사이에서 서열을 전복하려 드는 경우는 거의 없다"라고 말합니다. 자신이 싫어하는 행동을 할 때 나타나는 공격성은 대부분 갈등에 의한 공격성입니다. 간단히 설명하면 반려견이 원하는 것과 보호자가 원하는 것이 충돌할 때 일어납니다. 마치 사춘기 자녀와 부모가 서로 화를 내는 것과 같다고 보면 됩니다. 이런 상황에서 체벌은 상황을 더욱 악화할 뿐입니다. 체벌에는 점차 내성이 생기고 결국 더욱더 공격적으로 변할 수 있습니다.

반려견의 문제점을 해결할 때는 항상 제가 앞에서 강조한 3M(관리, 교육, 약물) 순서로 생각해야 합니다.

관리적인 측면에서 가장 중요한 것은 반려견이 공격성을 보일 상황을 아예 만들지 않는 것입니다. 대개 자신이 소유했다고 생각하는 것을 빼앗길 때나 자신이 예측하지 못한 순간 몸에 터치가 가해질 때 공격성이 발휘됩니다. 이외에도 공격성을 보이는 상황이 있다면 모두 적어놓고 가급적 그런 상황을 만들지 않도록 해야 합니다.

혹시나 "이런 게 무슨 솔루션이냐?"라며 갸우뚱하는 사람들도 있을지 모르겠습니다. 하지만 이건 모든 행동 전문의들이 반려견의 공격성 문제로 고민하는 보호자에게 가장 강조하는 부분입니다. 공격성도 습관이 될 수 있기 때문입니다. 가족들이 어떤 상황에서 강아지가 공격적이 되는지 알면서도 계속해서 공격성을 보일 만한 상황을 유발한다면 그 습관은 더 강해집니다. 갈등을 만들 만한 상황을 피해 관계 개선을 하는 것이 최우선입니다.

교육적인 측면에서는 무엇보다 입마개 교육이 필요합니다. 입마개 교육을 미리 해둔다면 상황을 예방하고 공격성 교육을 할 때 아주 유용합니다. 그리고 두 번째로 필요한 건 리더십 교육입니다.

저도 사춘기 때 어머니에게 많이 반항했습니다. 하지만 제 어머니는 저를 체벌하지 않고 이 문제를 해결하셨습니다. 그중 가장 무서웠던 건 휴대전화 사용 중지였습니다. 사춘기 시절 휴대전화는 제게 매우 중요한 물건이었습니다. '없으면 큰일이 난다'고 생각했으니까요. 그런데 제가 버릇없이 굴 때마다 부모님은 휴대전화 사용 중지라는 처벌을 내렸고, 그런 일이 몇 번 반복된 뒤부터 화가 나는 일이 있어도 참게 되었습니다. 이런 것도 리더십을 이용해 갈등을 해결하는 리더십 교육에 해당합니다.

한번은 제가 자주 보는 TV 고민 상담 프로그램에도 비슷한 상황이 등장한 적이 있습니다. 에피소드에 등장하는 어머니는 택배 일을 하면서 힘들게 살지만 아들에게 꼬박꼬박 용돈을 주었습니다. 그런데 아들은 어머니가 고생하는 걸 아는지 모르는지 학교를 자퇴하고 자취하면서 매일 PC방만 전전했습니다. 이 사연을 들은 프로그램 진행자들은 다들 한목소리로 "어머니, 당장 용돈부터 끊으세요"라고 조언했습니다.

반려견 보호자들은 이 두 가지 사례를 눈여겨봐야 합니다. 개도 기본적으로는 사람과 다르지 않습니다. 내가 잘살려면 어떻게 해야 할지 끊임없이 고민합니다. 그런데 많은 반려견이 사람으로 치면 '재벌 2세'처럼 사는 게 현실입니다. 개가 가장 중요하다고 여기는 먹을 것과 보호자의 관심이 자신의 노력 여하에 관계없이 무한대로 제공되기 때문입니다. 어떤 잘못을 해도 계속 어머니가 주는 용돈을 받는 고민 상담 프로그램 속 아들처럼 지내고 있는 것이죠.

이래서는 갈등 상황이 발생했을 때 반려견이 보호자의 뜻을 따르도록 강제할 방법이 없습니다. 문제 행동을 하는 반려견을 보면 한 가지 사실이 드러납니다. 보호자가 자신도 모르는 사이에 개의 잘못된 행동을 칭찬한다는 것입니다. 바로 이것이 문제 행동을 더 부채질하는 경우가 적지 않습니다.

이런 일이 반복되면 반려견은 먹을 것이나 보호자의 관심을 소중하게 여기지 않게 됩니다. 밥은 항상 바닥에 놓여 있고, 가만히 있어도 맛있는 간식이 계속 주어집니다. 뭐든 너무 많으면 탈이 납니다. 보호자의 관심과 사랑 또한 너무 많으면 소중한 것이 아니라 오히려 귀찮거나 짜증 나는 대상이 될 수 있다는 점을 명심해야 합니다.

마지막으로 고려할 것은 의학적 측면의 접근입니다. 흔히 갑상선 기능 저하증이 있으면 공격성이 생길 수 있습니다. 미국에서 이루어진 연구 결과에 따르면 공격성을 보이는 개 가운데 2퍼센트는 갑상선 기능 저하증 때문이고, 만약 갑상선 기능 저하증 때문에 공격성을 보인다면 아무리 교육해도 고쳐지지 않을 가능성이 높습니다. 그러므로 가능하면 병원에서 검사를 해 보라고 권하고 싶습니다.

또 만약 발정기 때 공격성을 더 많이 보인다면 의학적 측면에서 중성화 수술을 추천합니다. 개는 발정기에 상당히 예민해지는 경우가 많습니다. 중성화 비율이 낮은 북유럽에서도 사람에게 공격성을 보이는 경우, 특히 발정기와 연관되어 공격성을 보이면 수의사들이 꼭 중성화를 추천합니다.

이렇게 해서 강아지의 문제 행동이 백 퍼센트 나아진다고는 아무도 장담할 수 없습니다. 가족 한두 사람의 노력만으로, 혹은 전문가에게 맡겨놓는다고만 해서 해결된다고 보기에는 어렵기 때문이죠. 그러므로 누차 강조하듯이 3M, 즉 관리, 교육, 약물 측면의 접근을 종합적으로 고려해야 합니다.

PART 4

반려견은 가족이다

행복한 반려견을 위한 조건

무려 27마리의 개가 저마다 사연을 가지고 모인 유기견 입양 카페를 찾은 적이 있습니다. 그곳에 있는 몰티즈 사랑이는 유기견 900마리가 모여 사는 열악한 사설 보호소에서 턱뼈가 부서져 피투성이가 된 채로 발견되어 구조되었습니다. 오랜 수술 끝에 이곳 입양 카페로 온 사랑이는 8개월이 지나도 여전히 마음의 문을 닫은 채 좁고 어두운 케이지 안을 벗어나지 못하고 있었습니다. 사람의 손길만 닿아도 소스라치게 놀라는 터라 보호자의 애정 어린 보살핌도 완강히 거부하는 상황이었죠. 간식을 줘도 거세게 짖어대며 경계심만 드러냈습니다.

제가 살펴본 사랑이는 극도의 트라우마로 인해 외상 후 스트레스 증후군을 겪고 있었습니다. 아마도 수술과 치료 과정에서 큰 아픔을 겪으면서 사람 손길에 트라우마가 생겼을 겁니다. 혹은 그 이전의 사회화 시기에 이미 여러 가지 부정적인 경험을 했을지도 모르고요.

사랑이에게 뭉치라는 짝궁을 붙여주고, 보호자와 새롭게 신뢰를 쌓는 교육을 하면서 사랑이는 조금씩 마음의 문을 열었습니다. 나중에는 사람이 다가가도 놀라지 않고 조심스레 다가와서 간식을 받아먹을 정도였습니다. 구석진 케이지에서 나와 현관 문턱을 넘어 마당까지 발을 딛기도 했습니다. 햇살을 몸에 받으며 꼬리를 살랑살랑 흔드는 사랑이는 조금 편안해 보였습니다. 예전 같으면 상상도 하지 못했을 작은 행복을, 사랑이는 이제서야 누리기 시작한 겁니다.

우리는 누구나 행복을 꿈꾸지만 누구나 행복을 누릴 수 있는 건 아닙니다. 저마다 각자의 문제가 있고, 때로는 그런 문제로 인해 고통받기도 합니다. 가족이나 주위 사람으로부터 큰 영향을 받고 사회적인 흐름에서도 자유롭지 않습니다.

반려견도 마찬가지입니다. 비록 사람보다 범위는 작지만 크고 작은 관계에 영향을 받고 그로 인해 보호자와 자기 자신을 고통스럽게 하는 갖가지 문제를 일으키기도 합니다. 특히 반려동물 인구가 크게 늘어난 오늘날에는 문제 행동을 보이는 반려견이 늘고 있고, 이웃 간의 갈등을 유발하는 사회 문제가 되기도 합니다. 그래서 그런 문제 행동을 해결해주는 전문가나 전문 지식이 큰 인기를 얻고 있을 정도입니다.

하지만 사고를 전환해서 생각해봅시다. 문제가 일어난 뒤에 상황을 수습하는 것은 반려견이나 보호자 모두에게 매우 어려운 일입니다. 문제가 표면에 드러나기 전에 미리 충분히 알고 이해한다면 대부분의 상황은 슬기롭게 헤쳐나갈 수 있습니다. 일정한 조건을 갖춰주었을 때 문제 행동을 일으킬 가능성이 낮다면, 당연히 그 조건을 미리 갖추는 것이 중요하겠죠.

반려견이 행복하려면 먼저 아래의 5가지 조건이 충족돼야 합니다.

1. 부적절한 영양 관리로부터의 자유
2. 불쾌한 환경으로부터의 자유
3. 신체적 고통으로부터의 자유
4. 정신적 고통으로부터의 자유
5. 자연스러운 본능을 발휘하며 살 자유

신기하게도 반려견 문화는 이 5가지 조건의 순서대로 흘러

"얼굴만 보고 오해하지 마시개… 난 지금 행복하니까."

갑니다. 반려견이라는 이름이 생기기 전, 개는 사람이 먹다 버린 음식물을 먹고 살았습니다. 그러다 언제부턴가 사람들이 영양학적으로 조금 더 조화롭고 건강에 도움이 되는 사료를 주기 시작했습니다(물론 사료를 믿지 못해 직접 반려견용 식사를 만들어주는 경우도 있습니다).

그다음 변화는 집 밖에 묶여 살던 개가 집 안으로 들어오는 것으로 나타났습니다. 개들이 불쾌한 환경으로부터 벗어날 자유를 갖게 된 것입니다. 그 후에는 보호자들이 비싼 병원비를 감수하고 개의 아픔과 신체적 고통을 치료해주기 시작했습니다. 그리고 마지막으로 최근 몇 년간 개의 정신적 고통으로부터의 자유와 자연스러운 본능을 발휘하며 살 자유에 관심을 기울이는 분위기가 사회적으로 확산하고 있습니다.

이 5가지가 반려견의 행복에 필요한 기본적인 조건입니다. 그중에서도 저는 마지막 네 번째와 다섯 번째 조건이 충족될 때, 즉 사람이 개의 행복에 진정으로 관심을 기울일 때 비로소 반려견 문화가 완성된다고 봅니다.

무엇을 상상하든 놀이가 된다

보호자가 반려견 교육을 할 때 기억해야 할 점이 있습니다. 최대한 많은 경험을 시켜주는 게 최선은 아니라는 점입니다. 더욱 중요한 것은, 중립적인 경험이 아니라 긍정적인 경험을 많이 하도록 도와야 한다는 사실입니다.

특히 골든 피리어드라 불리는 생후 2~4개월에는 부정적인 경험을 확실히 피해야 합니다. 이 시기에 부정적인 경험을 하면 그 기억이 뇌에 각인돼 평생 영향을 미칠 수 있습니다. 따라서 골든 피리어드에는 반려견에 대한 체벌을 더더욱 피해야 합니다.

인간과 마찬가지로 반려견도 유전자는 타고납니다. 이 부분에서는 보호자가 할 수 있는 것이 없습니다. 경험 또한 마찬가지입니다. 경험에서 가장 중요한 부분을 차지하는 요소는 매우 빠른 시기에 나타나고 많은 부분이 이미 그 시기에 결정돼버립니다. 이미 유전도, 경험도 정해진 개의 경우 가장 중요한 건 교육입니다. 교육은 평생 지속되어야 하는 요소이며 개의 행동에 미치는 영향도 적지 않습니다. 유전이 양동이의 크기를 결정하고 경험이 그 안에 차는 물의 양을 결정한다면, 교육은 이 두 가지 모두에 영향을 미칩니다. 교육을 잘하면 타고난 양동이의 크기를 키울 수도, 물의 양을 줄일 수도 있다는 뜻입니다.

우리나라에는 교육에 대해 부정적인 인식을 가진 보호자가 적지 않습니다. '개한테 과도한 스트레스를 주는 것이 아닐까' 우려해서죠. 하지만 사실 현대 사회의 개는 할 일이나 무언가를 생각할 기회가 없어 그 무료함 탓에 스트레스를 받는 경우가 더 많습니다.

체벌 등 잘못된 방법으로 교육하면 분명히 개가 스트레스를 받습니다. 하지만 올바른 방법으로 이뤄지는 교육은 개에게 재미있는 놀이가 됩니다. 그런 놀이를 통해 개는 자기가 무엇을 어떻게 해야 하는지 '생각'하게 되고, 그 과정에서 즐거움을 얻습니다. 생각하는 개는 행동이 유연해지며 더 큰 행복감을 느낍니다.

생각 교육 101 게임

커다란 빈 박스를 준비해 거실 중앙에 놓으세요. 강아지가 박스와 관련해 어떤 행동을 해도 "옳지"라고 말하고 간식을 던져주세요. 쳐다보기, 한 발 가까이 다가서기, 코로 터치하기, 발로 밀어보기 등 무엇이든 좋습니다. 계속 같은 행동을 반복한다면 이제는 칭찬하지 말고 자기 스스로 생각하도록 조금 기다려보세요. 박스에 한 발 집어넣기 등 지금까지와 다른 행동을 한다면 다시 "옳지"라고 말하고 간식을 던져주세요. 이제부터 반려견과 소통하며 그동안 하지 않았던 여러 가지 행동을 만드는 건 여러분 몫입니다. 게임의 이름처럼 101가지 행동을 만들어보세요!

1. 높이가 낮고 강아지가 들어갈 만한 충분한 크기의 박스 준비
2. 처음에는 쳐다보거나 한 발만 가까이 가도 칭찬
3. 박스에 들어가거나 건드리는 등 여러 행동을 유도해 칭찬

* 생각 교육은 클리커 또는 칭찬 단어("옳지" "그렇지")를 강아지에게 이해시킨 뒤에 하는 것이 좋습니다.

겨울이 되면 반려견이 우울증에 걸리기 쉽다

강아지도 사람과 같은 동물입니다. 사람처럼 추위를 타고 감기에 걸리며 겨울이 되면 우울한 감정도 느낍니다. 그래서 저는 겨울도 여름만큼이나 반려견에게 잔인한 계절이라고 생각합니다. 무엇보다 가장 큰 이유는 어쩔 수 없는 산책 부족입니다.

날씨가 너무 추워 보호자들이 밖으로 나가려 하지 않으니, 자기 의사대로 집 문밖을 나설 수 없는 반려견은 사실상 비자발적인 감금 상태에 놓이게 되는 것이죠.

우리나라에 오래 거주한 외국인이 가장 이상하게 생각하는 것 중 하나가 있습니다. 바로 '겨울이 되면 그 많던 반려견이 어디로 가는가'입니다. 봄가을은 물론이고 '아프리카보다 덥다'는 평을 듣는 한여름 무더위에도 산책을 마다 않는 보호자들이, 겨울에는 왜 그렇게들 '방콕'을 선택하는 걸까요? 계절 타는 게 잘못인가 하고 물을 수도 있겠지만, 어쨌든 제가 살펴본 반려견 문화 선진국에서는 그렇지 않았습니다.

동물행동학을 공부하려고 미국 미네소타에 갔을 때의 일입니다. 미네소타는 미국에서도 춥기로 유명한 지역인데, 마침 제가 갔을 때 이례적인 한파까지 몰아닥쳤습니다. 학교로 걸어갈 때면 순식간에 콧속 수분이 다 얼어붙어 코 안쪽이 따갑게 느껴질 정도였습니다. 거리는 항상 눈에 뒤덮여 인도와 차도를 구별할 수 없었죠. 어디를 걷든 발목까지 눈 속에 푹푹 빠져서 걷기조차 힘들었습니다.

우리나라라면 아마 강아지 코빼기도 보기 어려웠을 거라고 생각합니다. 그런데 그런 상황에서도, 미네소타의 반려견들은 온몸에 주렁주렁 눈송이를 매단 채 도시 곳곳을 즐거운 듯 뛰어다녔습니다.

물론 미국과 우리나라의 반려견 문화가 달라서 이런 차이가 나타날 수도 있습니다. 실제로 미국 사람들은 반려견이 웬만하면 집에서 배변이나 배뇨를 하지 않도록 가르칩니다. 아주 어릴 때부터 무조건 집 밖에서 일을 보도록 가르치니 하루에 2~3회는 밖에 나가지 않으면 안 되는 상황이 조성되는 것이죠.

일단 교육을 잘 받고 나면 안쓰러울 정도로 말을 잘 듣고 잘 참아내는 반려견들은 주인이 산책을 시켜주지 않으면 24시간 이상 오줌을 참기도 합니다. 이렇게 되면 신장에 무리가 가고 건강 전반에 이상이 올 수 있습니다. 그렇기 때문에 미국 사람들은 눈이 오나 비가 오나 반려견과 함께 밖에 나가는 것입니다. 어떤 이유에서든 미국 반려견 보호자들은 산책을 '무조건 해야 하는 것'으로 인식합니다. 그 덕분에 반려견 대부분이 주기적으로 집 밖에 나가 산책 욕구를 풀어냅니다.

반면 우리나라는 '몸이 힘들다' '날씨가 춥다' '눈이 내렸다' 등 여러 이유를 대며 산책을 꺼리는 보호자가 많습니다. 핑계를 찾기 가장 좋은 계절이 바로 겨울입니다.

그러면 안 되는 이유를 지금부터 설명해보겠습니다. 계절성 우울증SAD, Seasonal Affective Disorder이라는 질환이 있습니다. 많은 사람이 이미 몸으로 알고 있듯이, 겨울이 되면 우울감을 느끼고 무기력해지는 증상을 말합니다.

인터넷에서 SAD가 찾아오는 이유를 조금만 검색해봐도 일조량 감소, 운동 부족 등이 원인이 된다는 걸 곧 알 수 있습니다. 반려견도 우리와 같은 동물입니다. 보호자가 움츠러들고 우울감에 빠지면 반려견 역시 SAD 증상을 보이는 경우가 많습니다. 행복 호르몬인 세로토닌도 햇빛을 받고 운동을 할 때 많이 나옵니다. 그러잖아도 일조량이 줄어들어 집 안으로 들어오는 햇빛이 줄어드는데 산책까지 안 하게 되면 사람이나 강아지나 행복 호르몬이 부족해지고 우울감과 예민함, 문제 행동도 늘어납니다.

그러니 오히려 겨울일수록 밖에 나가야 하는 이유가 생기는 셈입니다. 추운 겨울이라고 해도 산책은 꾸준히 해야 합니다. 비가 오거나 눈이 온다고 핑계를 대고 방 안에 갇혀 있을 게 아니라, 그런 바깥 환경에 맞추어 함께 산책을 즐기는 편이 모두의 행복을 위해 바람직합니다.

그렇다면 겨울 산책 시 알아두어야 할 점은 무엇일까요? 우선 잘못된 상식을 바로잡을 필요가 있습니다. 강아지가 발바닥이 차가워 껑충껑충 뛰어다닌다는 것은 잘못 알려진 이야기입니다. 강아지 발바닥은 아주 효과 좋은 열교환 구조(동맥과 정맥이 아주 가까이서 지나가 정맥의 차가운 혈액을 따듯하게 만들어줍니다)로 되어 있습니다. 게다가 각질로 이루어진 패드와 발바닥 털이 있어 우리가 생각하는 것만큼 발바닥이 차갑지 않습니다.

하지만 반드시 주의해야 할 점도 있습니다. 가장 먼저 염화칼슘과 같은 제설제입니다. 염화칼슘은 수분을 만나면 화학반응을 일으킵니다. 당연히 눈밭을 산책하면 강아지 발바닥에 물이 묻고 이것이 염화칼슘을 만나면 화학반응을 일으켜 발바닥 피부에 자극을 줄 수 있습니다. 또 산책하고 돌아와서 발바닥에 묻은 염화칼슘을 잘 닦아주지 않으면 강아지가 발바닥을 핥아 염화칼슘을 먹을 위험이 있습니다. 염화칼슘이 강아지 체내에 들어가면 구토 등의 소화기 장애를 일으킬 수 있으므로 주의해야 합니다. 따라서 겨울 산책 시 눈이 많이 오고 염화칼슘이 뿌려진 곳이라면 신발을 신기거나 산책을 다녀와서 발을 충분히 헹궈주어야 합니다.

강아지 신발은 신기는 게 좋을까

시중에 나오는 강아지 신발은 대부분 강아지에게 불편한 것이 사실입니다. 강아지 발 형태와 동작이 사람과 다른데도 대부분 사람의 신발과 아주 유사하기 때문이죠. 또한 강아지는 어렸을 때부터 적응시켜주지 않으면 자기 몸에 뭔가 걸쳐지는 걸 싫어합니다. 강아지 앞발이 예민해서 더 어색해하기도 하고요. 따라서 앞서 말한 겨울 산책의 경우처럼 특별히 제한된 경우에만 신기는 것이 더 좋습니다.

산책의 주도권은 누구에게 있을까

반려동물 문화가 발전하면서 많은 사람들이 개에게 산책이 얼마나 중요한 일인지 알고 있습니다. 산책은 정말 중요하죠. 가지고 있는 에너지를 소모하고 햇빛을 받으며 비타민 D와 세로토닌을 합성할 수 있는 활동입니다.

하지만 주위를 둘러보면 안타까운 마음을 어찌할 도리가 없습니다. 개에게 즐거운 놀이가 되어야 할 산책 시간이 훈련소의 훈련 시간처럼 보이는 경우가 많기 때문입니다. 심지어 산책할 때 냄새를 많이 맡게 하면 공격성이 증가할 수 있으니 항상 보호자 옆에 바짝 붙어서 걷게 교육해야 한다고 말하는 사람도 있습니다.

하지만 개가 냄새를 맡지 못하면 정신적으로 스트레스가 증가합니다. 개에게 냄새를 맡는다는 것은 정말 재밌는 놀이입니다. 다른 개가 남긴 냄새를 맡는 것도 신나는 일이죠. 저는 개가 마킹하는 것을 '명함을 뿌린다'고 표현합니다. 유명한 동물행동학자인 마크 베코프Mark Beckoff는 다른 개의 마킹에 반응해서 다시 마킹하는 것을 서로 문자메시지를 주고받는 일이라고 표현했습니다. 이렇게 재밌는 놀이를 하는데 조금 기다려줄 수 없을까요? 꼭 내 옆에 붙어서 걸어야만 하는 걸까요?

생각해보면 강아지는 자기 마음대로 할 수 있는 게 별로 없습니다. 그러니 적어도 즐거운 산책 시간만큼은 강아지가 하고 싶은 걸 충분히 하게 해주는 게 어떨까요? 그래야 스트레스가 풀리고 다른 문제 행동도 좋아질 가능성이 높지 않을까요?

그렇다고 또 무조건 하고 싶은 대로 하게 놔둘 수는 없는 노릇입니다. 안전상의 문제, 그리고 펫티켓과 관련된 문제도 있습니다. 그래서 최소한의 규칙은 필요합니다. 제 경우는 그 규칙이 '나를 끌고 가지만 마'입니다. 산책은 보호자만 행복해서도 반려견만 행복해서도 안 됩니다. 반려견과 보호자가 모두 행복해야만 지속적인 산책이 가능합니다. 그래서 최소한의 약속이 필요한 것입니다.

게다가 강아지마다 좋아하는 산책 특성이 다르기도 합니다.

어떤 강아지는 산책 시에 냄새 맡는 걸 즐기고 어떤 아이는 뛰는 걸 좋아합니다. 만약 뜀박질을 좋아하는 개에게 뛰고 싶어 하는 욕구를 채워주지 못하면 산책은 반쪽짜리 즐거움이 될 수도 있습니다.

마지막으로 권하고 싶은 건 1~2주에 한 번씩은 산책줄을 하지 않고 뛰어놀 수 있는 강아지 운동장에 가라는 것입니다. 우리는 대개 법과 펫티켓을 지키기 위해 평소 산책 시에 꼭 산책줄을 하고 다닙니다. 하지만 강아지는 사실 산책줄로 속박당하는 걸 좋아하지 않죠. 그래서 가능하다면 산책줄을 하지 않아도 되는 장소에 가서 뛰어놀게 하는 것도 좋습니다. 이런 산책이 강아지 정신건강과 행복에 엄청난 도움을 줄 수 있습니다.

우리 개는 만지기만 하면 화를 내요

손만 닿아도 폭발한다는 강아지 방방이를 상담한 적이 있습니다. 귀여운 외모와 달리 한번 폭발하면 아무도 말릴 수 없는 방방이는 유기견 보호소에서 지금의 보호자에게 온 경우였습니다. 평소 예민한 성격이라서 보호자의 손길에 지나치게 까칠하게 반응한다고 했죠. 제가 직접 방문한 그날도 마찬가지였습니다. 몸에 손만 가까이 대도 덤벼드는 공격성을 보이고 급기야 자기 엉덩이에 화풀이를 하듯 사납게 짖으며 제자리를 뱅뱅 맴돌았죠. 유심히 행동을 살펴보니 가장 중요한 사회화 시기에 사람 손에 학대를 당했을 가능성이 있어 보였습니다. 어렸을 때 학대를 당한 강아지는 사람 손길이 몸에 닿는 게 큰 스트레스로 느껴지게 됩니다. 그래서 사랑하는 보호자의 손길마저 피하게 되는 거죠. 이럴 때는 약물 처방과 행동학적 교육이 복합적으로 이루어져야 효과를 발휘할 수 있습니다. 다행히 방방이는 지속적인 치료와 교육을 통해 행동이 개선되어서 더 이상 보호자의 손길을 거부하지 않게 되었습니다. 어떤 의미에서는 지난날의 좋지 않았던 기억과 화해를 했다고 말할 수도 있겠죠.

이보다 조금 덜 심각하지만, 보호자와 눈을 마주치는 걸 싫어하거나 이름을 부르는데 반응하지 않는 반려견도 있습니다. 의외로 많은 보호자가 제게 웃으며 하소연하는 문제입니다. 도대체 왜 강아지가 자기 이름을 불러도 안 오는 걸까요? 보호자를 무시해서 하는 행동일까요?

사실 반려견이 이름을 부르면 오지 않는 이유는 그 이름 자체가 오염되었기 때문입니다. 이름이 오염되었다는 게 무슨 뜻일까요? 옛날로 돌아가, 어렸을 적 방에서 놀고 있는데 어머님이 부엌에서 '누구누구야' 하고 불렀을 때를 떠올려봅시다. 보통 이런 상황에서 어머니가 이름을 부르는 데는 두 가지 이유가 있습니다. 공부하라고 잔소리를 하거나 하기 싫은 심부름을 시키기 위해서죠. 그 둘 모두 어린아이가 일반적으로 원하는 상황은 아닐 겁니다. 그러다 보니 어머니가 이름을 불러도 긍정적인 감정이 들지 않죠. 대답을 주저하거나 무시하게 됩니다. 그러다 결국 혼도 나고요. 이런 경험이 쌓이면 부정적인 관계가 만들어질 수밖에 없습니다.

강아지도 마찬가지입니다. 보통 반려견의 이름을 부르고 나면 어떤 일을 하게 되나요? 만지기, 뽀뽀, 장난치기, 발톱 깎기, 귀 청소하기, 항문낭 짜기, 목욕 등이죠. 많은 경우 이런 행동은 우리 의도와 달리 강아지 입장에서는 체벌로 받아들여질 수 있습니다.

이런 문제를 해결하는 데는 코이파이브 교육이 효과적입니다. 코이파이브는 코로 하이파이브한다는 뜻입니다. 코이파이브는 아주 기초적이면서도 간단한 교육입니다. 우선 손에 조그마한 간식을 하나 쥐세요. 그리고 강아지 코 앞에 주먹을 가져다대면서 "누구야, 터치"라고 말하세요. 강아지 코가 내 손에 닿는 순간 "옳지"라고 말하며 주먹을 펴서 간식을 먹을 수 있게 해주세요. 익숙해지면 점점 강아지와 거리를 벌리면서 코이파이브 교육을 해주세요! 더 익숙해지면 손에 간식을 넣지 않은 상태에서 코이파이브를 하고 잘하면 "옳지"라고 이야기하고 주머니에 넣어둔 간식을 꺼내 놓으세요. 이때 주의해야 할 점이 있습니다. 코이파이브를 해서 반려견이 보호자에게 다가왔을 때는 강아지가 좋아하는 것만 주세요! 절대 강아지가 싫어하는

"댕댕아, 터치!"

"옳지!"

"그렇지!"

행동은 해선 안 됩니다. 안 그러면 지금껏 공들인 노력이 물거품이 될지도 모르니까요.

스킨십 가능 여부를 물어보는 5초의 법칙

강아지 털을 쓰다듬으면 보호자는 만족스러울 때가 많은데 과연 강아지도 그렇게 하는 걸 좋아할까요? 이럴 때 강아지의 의사를 묻는 5초의 법칙이 있습니다. 강아지를 만질 때 강아지의 몸짓 언어를 살펴보고 5초에 한 번씩 손을 떼서 의사를 물어봅니다. 스킨십을 하기 싫은 강아지는 스트레스 신호를 보이거나 그 자리를 뜹니다. 스킨십을 하고 싶은 강아지는 자기 발로 보호자의 손을 끌어당기거나 머리를 들이민다거나 스트레스 신호 없이 그 자리에서 보호자를 쳐다봅니다.

＊ 주의사항 스킨십에 예민한 강아지는 5초를 3초로 바꿔 3초의 법칙으로 응용하고 만질 때마다 주기적으로 "옳지"라고 말하며 보상해주세요.

화난 게 아니라 아픈 거다

아직 우리나라에 진정한 의미에서 보호자와 반려견이 모두 행복한 반려동물은 많지 않다고 생각합니다. 반려견의 행동 문제에 관심을 기울이는 보호자 가운데 상당수도 강아지보다 자기 자신을 더 중요하게 생각합니다. 강아지의 정신적 고통을 없애주고 자연스러운 본능에 맞게 살도록 해주려는 마음보다 자신의 불편함을 해소하고자 하는 욕망이 더 크다는 얘기입니다.

그래서 분리불안을 가진 반려견을 데리고 병원을 찾는 분들께 저는 꼭 이렇게 말합니다.

"지금 이 상황에서 가장 힘든 존재는 이웃의 민원 때문에 고통받는 보호자님이 아닙니다. 보호자님이 없을 때 사람의 공황 장애와 같은 극도의 불안과 공포를 느끼는 우리 반려견입니다."

어쨌든 우리 사회는 아직 이런 정도로 반려동물을 인식하는 단계까지는 나아가지 못한 것 같습니다. 하지만 적어도 어떤 이유에서든 반려견의 문제 행동에 관심을 갖는 보호자가 많아지는 건 좋은 현상입니다.

반려견이 문제 행동을 하면 어떻게 해야 할까요? 가장 먼저 할 일은 동물병원에 가는 것입니다.

제가 수의사이기 때문에 이렇게 말하면 욕을 먹을 수 있다는 걸 압니다. 하지만 그래도 이렇게 말하지 않을 수 없습니다. 사람은 아프면 신경이 날카로워집니다. 평소에는 참을 만한 외부 자극에도 화를 내는 경우가 다반사죠. 반려견도 마찬가지입니다. 차이점이 있다면 사람은 "내가 지금 여기가 아파서 좀 예민했나 봐"라는 말로 자신의 상황을 설명하고 양해를 구할 수 있지만 반려견은 그게 불가능하다는 점입니다.

한번은 공격적이고 예민한 반려견 문제로 고민하는 어떤 보호자를 상담한 적이 있습니다. 보호자는 반려견이 엉덩이 쪽을 만지면 유난히 과하게 반응한다고 말했습니다. 저는 그 얘기를 듣고 곧장 엑스레이 검사를 받아보라고 조언했습니다. 그 결과 고관절 쪽에 이상이 발견됐습니다. 그동안 아픈 것을 참고 견디

느라 예민한 반응을 보인 것입니다. 심지어 그 반려견은 다리를 절지도 않았습니다. 다행히 반려견은 이후 수술을 받았고 회복한 뒤에 보호자와 아무런 문제 없이 잘살고 있습니다.

이런 정형외과적 문제 외에도 반려견이 질병이나 통증으로 문제 행동을 하는 경우는 아주 많습니다. 예를 들어 신장 문제가 두통을 유발하는 경우가 있습니다. 사람은 두통이 있으면 아주 예민해집니다. 강아지도 마찬가지입니다. 강아지가 이유 없이 예민하게 행동할 때 혈액검사를 통해 신장 이상을 확인하면 해당 문제를 치료하고, 자연스럽게 문제 행동도 개선할 수 있습니다.

사실 이런 문제는 수의학에 지식이 없는 일반인이라면 발견하기 힘듭니다. 보호자가 반려견이 병이 난 줄 모르고 문제가 되는 행동만 탓한다면 반려견 입장에서는 얼마나 답답한 노릇일까요? 그러니 그간 보지 못한 문제 행동이 발견되면 즉시 가까운 병원에 가서 상담을 받아보는 게 매우 중요합니다. 그 시간이 짧을수록 반려견과 보호자에게 고통을 주는 원인을 더욱 쉽게 제거할 확률이 높습니다.

반려견이 많이 갖고 있는 호르몬성 질환 중 하나인 갑상선 기능 저하증도 행복 호르몬인 세로토닌 대사에 영향을 끼쳐 불안 또는 공격성을 유발할 수 있습니다. 이 또한 겉으로는 대체

뭐가 문제인지 알 수 없는 경우가 많아서, 병원을 찾아 검사를 받아야 원인을 파악할 수 있습니다.

얼마 전 강아지의 행동 문제로 멀리서 저를 찾아오신 분이 있습니다. 2년 전 유기견을 입양한 뒤 진실한 사랑으로 키워온 분이었습니다. 문제는 이 반려견이 집에서는 아무 문제를 보이지 않는데 밖에만 나가면 문제 행동을 한다는 점이었습니다. 보호자에 따르면 그 탓에 지난 2년 동안 한 번도 제대로 된 산책을 하지 못했다고 합니다. 밖에 나가도 전혀 걸으려 하지 않고 보호자 뒤에 숨거나 안아달라고 하면서 무척 불안해했기 때문입니다. 하얀색 털에 약간 포동포동한 몸매를 한, 정말 예쁘게 생긴 아롱이는 진료실에 들어오는 순간부터 몹시 불안해하며 보호자에게 지나치게 의지하는 모습을 보였습니다.

저는 다른 문제 행동 반려견을 진료할 때처럼 보호자에게 가장 먼저 혈액검사와 갑상선 호르몬 검사를 추천했습니다. 검사 결과 아롱이는 갑상선 기능 저하증을 가진 것으로 진단됐고요.

그리고 치료약을 먹은 지 닷새 만에 아롱이가 발랄하게 산책을 즐기기 시작했다는 전화를 받았습니다. 만약 아롱이가 병원에서 이 질병에 대한 검사를 해보지 않고 교육을 통해서만 문제 행동을 고치려 했다면 어떻게 됐을까요? 세계에서 능력이 가장 뛰어난 훈련사, 아니 나아가 반려견 훈련의 신이 왔어도 아롱이를 고치지 못했을 것이라고 확신합니다.

제가 출연하는 EBS 〈세상에 나쁜 개는 없다〉 프로그램에는 제작진 앞으로 전국 각지에서 많은 사연이 접수됩니다. 그 내용을 보다 보면 의학적 문제가 의심되는 경우가 상당히 많습니다. 물론 문제 행동을 하는 반려견이 모두 질병을 갖고 있는 건 아닙니다. 하지만 혹시라도 의학적 문제가 있다면 보호자가 행동치료를 위해 쏟는 돈과 노력이 모두 물거품이 될 수 있습니다.

그렇다면 보호자가 반려견의 문제 행동을 보면서 이것이 질병이나 호르몬 이상 등 의학적 문제로 인한 것인지 아닌지 판단할 방법이 있을까요?

완벽하지는 않지만 한 가지 기준이 될 만한 것은 있습니다. 바로 문제 행동이 나타난 양상입니다. 반려견의 행동이 어느 날 갑자기 바뀌었다면 의학적 문제를 강력히 의심해야 합니다.

특히 이사나 가족 구성원의 변화 등 환경 변화가 전혀 없는 상태에서 반려견의 행동이 바뀌었다면 더더욱 강아지가 아프지는 않은지 확인해봐야 합니다.

문제 행동이 특정한 자극이 없을 때도 나타난다면, 그래서 보호자가 생각하기에 아무런 이유 없이 문제 행동을 하는 것으로 보인다면 이 또한 의학적 문제를 의심해야 할 상황입니다.

아픈 게 아니라면 환경을 바꿔라

반려견이 문제 행동을 하는데 병원 검사 결과 아무런 의학적 문제가 발견되지 않을 수도 있습니다. 이때는 관리 측면에서 생각해봐야 합니다.

제가 미국에 공부하러 갔을 때 행동 전문 수의사 교수님들은 늘 3M 가운데 첫 번째 M인 '관리'를 강조했습니다. 처음에는 김이 빠지는 느낌이었지만 지금은 저도 교수님들과 생각이 같습니다.

반려견의 문제 행동을 교육이나 약물 투여 없이 관리로 해결할 수 있다면 비용 면이나 시간 면에서 가장 효율적입니다. 또한 반대로 아무리 교육과 치료를 잘해도 평소 관리를 꾸준히 하지

"스트레스 좀 풀려고 놀러 왔지."

않으면 문제 행동이 해결되지 않는 경우가 많습니다.

예를 들어보죠. 미국 연수 시절 한 교수님과 같이 행동 상담을 했을 때의 일입니다. 문제 행동을 보이는 반려견은 아주 큰 셰퍼드였는데, 집 마당 앞으로 사람이 지나다닐 때마다 미친 듯이 뛰어가 짖고 창문을 부술 듯 흥분한다고 했습니다. 이 이야기를 들은 교수님이 가장 먼저 하신 말씀은 이거였습니다.

"그럼 집 창문에 강아지 눈높이까지 불투명 시트지를 붙이세요."

물론 뒤이어 적절한 교육 방법도 안내했지만, 그에 앞서 관리가 가장 중요하다는 사실을 강조한 셈입니다. 관리는 반려견이 다른 사람을 보고 짖지 않도록 교육하고 훈련하는 것보다 훨씬 쉽고 시간과 돈도 절약하는 효과적인 방법입니다.

저를 찾아오는 보호자들 가운데 상당수는 반려견이 보호자 가족에게 공격적인 태도를 보이는 문제 행동을 호소합니다. 특히 반려견이 가장 친밀하게 느끼는 보호자의 방에 있을 때 다른 가족에 대한 공격성을 강하게 드러낸다고 걱정하는 경우가 많습니다. 이 문제를 해결하는 가장 좋은 방법은 강아지가 아예 그 방에 들어가지 못하게 차단하는 것입니다. 흔히 말하는 안전문, 이른바 베이비 게이트 하나만 있으면 그 방 출입을 막을 수 있고, 그럼으로써 반려견이 강한 공격성을 보일 일 자체가 사라집니다. 이렇게 문제를 해결한 뒤 나중에는 안전문을 설치하지 않아도 공격성을 보이지 않도록 꾸준히 교육하는 게 좋습니다. 제가 만난 어떤 반려견 보호자는 강아지가 소파 위에 올라갈 때 공격성을 보이자 아예 소파를 치워버리기도 했습니다. 내 가족인 반려견을 위해 스스로의 불편을 조금은 감수하는 것, 이런 것이 바로 관리입니다.

반려견은 우리보다 날카로운 이빨을 갖고 있고, 우리보다 절제력이 없습니다. 그러나 우리의 가장 큰 무기인 '머리'를 써서 '관리'하면 반려견이 보이는 웬만한 행동 문제는 생각보다 쉽게 해결할 수 있습니다.

물론 그 바탕에는 반려견이 신체적 혹은 정신적 고통에서 해방되고 자신의 자연스러운 본능을 발휘하며 살 수 있도록 도와주려는 보호자의 사랑과 배려가 있어야 하겠죠.

양동이 이론과 3M

양동이 이론이란 개가 참을 수 있는 스트레스의 크기를 양동이의 크기라고 생각하고 그 안에 물을 붓는 것을 스트레스를 받는 데 비유한 이론입니다. 양동이에서 물이 넘쳐흐르면 결국 흥분해 레드존에 들어가고 문제 행동을 나타내게 됩니다. 결국 문제 행동은 단 하나의 스트레스로 촉발될 수도 있지만(엄청난 양의 물을 양동이에 한꺼번에 부어버린 상태) 작은 스트레스가 모여 촉발될 수도 있습니다(작은 양의 물이 양동이에 차곡차곡 쌓여 결국 넘쳐흐르는 상태). 양동이 크기가 클수록, 또 물이 적게 들어갈수록 문제 행동을 보일 가능성은 낮아집니다.

문제 해결의 기본, 3M

1. 관리Management: 양동이에 물을 차지 않도록 사전에 예방합니다.
2. 행동 수정, 교육Modification: 교육을 통해 불안을 낮춰 양동이의 크기를 키우거나 물을 적게 붓게 합니다.
3. 약물Medication: 신경전달물질을 조절해 양동이의 크기를 키웁니다.

관리 방법의 예시

1. 강아지가 아무거나 씹으면 바닥에 귀중품을 놓지 않습니다.
2. 소리에 너무 민감하면 백색소음을 틀어줍니다.
3. 분리불안이 있으면 데이케어센터에 보냅니다.
4. 산책 시에 공격성을 보이면 자극이 되는 것들을 피해 다닙니다.

반려견도 때로 정신과 치료가 필요하다

가끔 인터넷에는 정말 말도 안 되는 글이 올라오곤 합니다. 그중 하나가 바로 '갇혀 있기'입니다. "1년 동안 인터넷도 텔레비전도 없는 방에서 책만 볼 수 있다. 이것을 버티면 1억을 주겠다. 하시겠습니까?" 대부분의 댓글은 '절대로 안 한다'입니다. 사실 저도 절대로 하지 않을 겁니다. 심심함과 외로움이 안겨주는 고통을 알기 때문이죠.

그런데 행동학을 공부하던 어느 날 그동안은 '참 별걸 다 물어보네' 하고 간단히 넘겼던 이 질문이 확 와닿았습니다. '혹시 많은 반려견이 지금 이렇게 살고 있진 않을까? 나였으면 벌써 미쳐버렸을 텐데.' 공부를 하면 할수록 복잡한 사회에서 살아가는 인간뿐 아니라 반려견도 정신질환에 걸릴 확률이 높겠다는 걱정이 앞섰습니다.

우리는 보통 '불안'이라는 단어를 접하면 부정적인 느낌을 받습니다. 주는 것 없이 밉다는 게 바로 이런 걸까요. 하지만 생각해보면 '불안'이라는 '놈'은 참 억울할 것 같습니다. 사실 우리는 불안을 느끼기 때문에 상황을 조정하려는 노력을 기울이게 됩니다. 동물들도 불안이라는 감정이 있기 때문에 위험을 감지하고 그 위험에서 벗어날 수 있습니다. 우리가 부정적으로 느끼는 불안에는 긍정적인 효과도 있는 것이죠.

실제로 어떤 과학자가 원숭이한테서 불안을 담당하는 뇌의 한 부분인 편도체를 외과적으로 제거한 뒤 모형 뱀을 던져주었더니 원숭이가 그 뱀을 물고 빨고 던지며 장난을 쳤다고 합니다. 만약 이게 진짜 뱀이었다면 그 원숭이는 어떻게 됐을까요?

불안은 모든 동물에게 필수적인 감정입니다. 다만 이 불안이라는 감정이 정상적이지 않고 너무 과할 경우 문제가 발생합니다. 반려견의 행동 문제는 대부분 이 감정이 너무 과해져서 불안하지 않아도 되는 상황에서 불안해할 때 나타납니다. 대표적 불안 문제가 바로 분리불안입니다.

우리나라에는 없는 미국의 동물행동 전문의(미국은 수의학에도 전문의 제도가 있습니다)에게 찾아갔을 때 가장 먼저 던진 질문이 있습니다. "꼭 행동 약물을 처방해야만 하는 행동 문제는 무엇인가요?"였죠. 그 전문의는 바로 '분리불안'과 '공격성' 그리고 '강박행동'이라고 대답해주었습니다.

우리나라는 정신과적 진료 또는 약물 처방을 상당히 꺼립니다. 아무래도 예전부터 내려오던 편견 때문인지, 모든 정신 또는 행동학적 문제를 마음, 노력, 혹은 의지의 문제로 보는 경향이 상당히 많습니다. 그래서 간, 신장, 피부가 안 좋으면 약을 먹는 데 큰 거부감이 없지만 뇌가 안 좋을 때 약을 먹는 것은 극히 꺼립니다.

하지만 불안 문제가 마음, 노력, 의지만의 문제일까요? 앞서 든 원숭이의 예처럼 만약 뇌에 문제가 있다면 어떨까요? 아무리 심리 상담을 해도 우울증이 나아지지 않는 사람처럼 반려견도 과한 불안을 안고 평생을 불안하게 살아갈 수 있습니다.

정신과 전문의 이시형 박사는 이렇게 말했습니다. "사람은 감정에 따라 움직이고 감정은 뇌에 따라 움직인다." 저는 이 문장에서 '사람'을 '개'로 바꿔도 똑같다고 생각합니다. 실제로 불안 증세를 가진 반려견을 연구해본 결과 사람의 우울증과 같이 불안이라는 감정을 컨트롤할 수 있는 호르몬 중 하나인 세로토닌이 부족하다는 사실이 밝혀졌습니다. 보통 반려견의 행동 문제에 처방하는 약물은 이런 호르몬의 양을 늘리는 데 초점이 맞춰져 있습니다.

저는 미국에서 행동 상담을 참관했을 때 봤던 한 보호자의 반응을 아직도 잊지 못합니다. 교수님께서 분리불안을 가진 반려견에게 항우울제 계열의 약물을 처방하겠다고 말하자 보호자는 씩 웃으며 반려견을 쓰다듬고는 평온한 표정으로 말을 건넸습니다.

"너도 이제 나랑 같은 약을 먹는구나."

그 보호자에게서 약물에 대한 편견은 찾아볼 수 없었습니다. 오직 반려견을 진정으로 동등하게 대하는 우정과 애정만이 존재했죠.

'기다려'만 잘 가르쳐도 문제는 풀린다

〈세상에 나쁜 개는 없다〉에 출연하고 나서부터 "우리 개의 문제도 해결해주세요"라는 상담을 많이 받습니다. 사실 개의 문제 행동은 아주 다양하고 솔루션도 개별 사례에 따라 달라질 수밖에 없습니다. 하지만 모든 개에게 꼭 필요한 공통 교육도 있습니다. 그중 딱 한 가지만 고르라면 저는 '기다려'를 선택하겠습니다.

개의 문제 행동은 대부분 절제력 부족에서 비롯됩니다. 동물의 뇌에서 절제력에 영향을 미치는 부위는 대뇌 전두엽 피질인데, 동물 가운데 이 부위가 가장 발달한 게 사람입니다.

개는 사람에 비해 대뇌 전두엽 피질이 덜 발달해 있고, 그만큼 절제력도 적습니다. 개의 절제력을 키워주는 건 바로 개가 참을 수 있는 스트레스의 크기, 즉 앞에서 언급한 '양동이'를 크게 늘려주는 것과 같습니다. 따라서 '기다려' 교육만 제대로 해도 많은 문제를 해결할 수 있습니다.

여기서 핵심은 '제대로'입니다. 보호자와 떨어진 거리가 멀어져도, 기다리는 시간이 길어져도, 각종 방해 요소가 있어도 개가 보호자의 '기다려'라는 신호에 따를 수 있도록 해야 합니다. 즉 시간, 거리, 방해물이라는 3요소에 영향을 받지 않을 수 있어야 '제대로 된' 기다려 교육이라고 할 수 있습니다.

예를 들어보겠습니다. 손님이 오면 짖는 개가 있습니다. 만약 보호자가 '기다려'를 잘 가르쳐 손님이라는 방해 요소가 있거나 손님이 머무는 시간이 길어져도 기다릴 수 있다면 문제는 해결됩니다(사실 실제 교육을 해보면 말처럼 쉽지만은 않습니다).

또 하나 주의해야 할 점은 개가 일반화를 잘하지 못한다는 사실입니다. 집에서 기다려 교육을 했으면 밖에서도 잘할 거라 예상하겠지만 절대 그렇지 않습니다. 이제까지는 집에서 기다리는 방법을 교육했을 뿐입니다. 그래서 트레이너들은 10개의 다른 공간에서 같은 행동을 해야만 그 행동이 완성되었다고 말합니다. 만약 산책 시에 문제가 있다면 우선 집에서 교육을 한 뒤, 현관, 조용한 야외, 복잡한 야외 등 조금씩 장소를 달리해가면서 교육해야 합니다.

개의 행동은 결코 간단치 않습니다. 따라서 기다려 교육을 제대로 하는 것도 쉽지 않은 일입니다. 하지만 단 하나 확실한 것이 있습니다. 지금 나의 반려견이 성견이라면 보호자가 할 수 있는 최선의 방법은 교육이라는 것입니다.

개의 유전적인 특성에서 비롯된 문제 행동은 보호자 탓이 아니더라도, 교육을 통해 그 문제를 해결하려고 노력하지 않는 것은 보호자 탓이 될 수 있습니다.

문제 행동 예방하려면 이렇게 해보세요!

올바른 기다려 교육법

① 강아지가 앉거나 엎드린 상태에서 정면으로 마주한 다음, 손바닥을 활짝 펴고 "기다려"라고 말합니다.

② 보호자가 "기다려"라고 말한 다음 뒤로 한 발자국 물러났다가 다시 돌아서 제자리에 온 후 "옳지"라고 말하고 보상해줍니다(만약 한 발 물러났을 때 움직인다면 살짝 뒤로 가는 척만 하고 다시 돌아오는 방법을 사용하세요).

③ 익숙해지면 강아지와 보호자의 거리를 조금씩 멀리해 기다리는 시간과 거리를 점점 늘려나갑니다.

마법의 양탄자 교육

마법의 양탄자 교육은 사람 아이들의 애착 인형처럼 반려견에게 애착 매트를 만들어주는 교육입니다. 좋아하는 매트 위에 앉으면 개의 흥분도를 낮추고 마음의 불안을 다스릴 수 있습니다. 마법의 양탄자 교육과 기다려 교육을 같이 사용하면 더욱 좋은 효과를 기대할 수 있습니다.

① 화장실 발매트 등 매트를 준비하세요.

② 매트를 펴고 간식을 5개 정도 매트 위에 던져주세요.

③ 간식을 다 먹을 때쯤 간식 하나를 매트 밖으로 던져 강아지가 매트 밖으로 나갈 수 있도록 해주세요.

④ 매트를 회수해 들고 있다가 다른 공간에 매트를 깔아주세요.

⑤ 2~4를 반복해주세요.

⑥ 교육이 끝난 뒤에는 매트를 회수해 강아지가 닿지 않는 곳에 보관해주세요.

좋은 보호자가 되기 위한 아·세·공 프로그램

제게 만약 100억 원이 있다면 구태여 일을 하거나 병원에서 진료를 보지 않을지 모릅니다. 그러나 현실이 그렇지 않기 때문에 저는 어떻게 하면 잘살 수 있을지 고민하고, 그것이 삶의 원동력이 돼 저를 더욱 발전시킵니다.

개에게도 그런 고민거리를 던져줘야 합니다. 그리고 결국 보호자의 말을 잘 들어야 내가 원하는 자원을 얻을 수 있고, 행복해질 수 있다는 생각으로 이어지도록 이끌어야 합니다.

리더와 보스의 차이점을 묘사할 때 꼭 등장하는 이미지가 있습니다. 보스의 손에는 채찍이 들려 있습니다. 보스는 뒤에서 채찍질을 하며 무거운 짐을 끌게 만듭니다. 하지만 리더는 다릅니다. 가장 앞에 서서 다른 사람들과 함께 무거운 짐을 끌고 갑니다. 반려견 행동 전문가들이 보호자에게 주문하는 내용은 보스가 되지 말고 리더가 되라는 것입니다. 보호자는 개에게 필요한 자원을 조절함으로써 충분히 부드러운 리더가 될 수 있습니다.

구체적으로 어떻게 해야 좋은 리더가 될 수 있을까요? 앞서 소개한 '아·세·공(아이야 세상에 공짜는 없단다)' 프로그램이 한 방법입니다.

미국의 동물행동 전문의들은 이것을 리더십 프로그램 또는 'NILIF(Nothing In Life Is Free)'라고 합니다. 예를 들어보겠습니다. 아·세·공 프로그램을 통해 보호자를 무는 개를 바로잡는 방법은 크게 3단계로 나뉩니다.

첫 번째 단계는 갈등을 일으킬 만한 상황을 만들지 않는 것입니다. 어떤 사람들은 "이건 결국 반려견에게 져주는 것 아니냐, 그게 무슨 해결 방법이냐?"라고 반문할지 모릅니다. 그러나 결코 그렇지 않습니다. 공격성은 습관이 됩니다. 우리 개가 무엇을 싫어하는지, 어떤 상황에서 공격성을 보이는지 알면서 계속 같은 행동을 반복한다면 공격성이 거듭해 나타나게 되고 결국 개에게 나쁜 습관이 듭니다. 개와 보호자에게 꼭 필요한 일이 아니라면 우선은 그런 갈등을 일으킬 만한 상황을 만들지 않는 게 최선입니다.

두 번째 단계는 반려견에게 밥 주는 방법을 바꾸는 것입니다. 많은 전문가가 반려견의 먹을거리는 우리의 월급과 다를 바 없다고 말합니다. 공격성을 드러내는 개의 보호자 대부분은 이 월급을 공짜로 줍니다. 밥을 그릇에 담아 그냥 바닥에 두는 식이죠.

이때 개는 '월급', 즉 '밥'이 그냥 하늘에서 떨어지는 당연한 것이지 보호자가 주는 소중한 것이라고 생각하지 못합니다. 반려견이 보호자의 소중함을 알게 하려면 바로 이 밥 문제부터 잘 컨트롤해야 합니다.

동물행동 전문의들이 알려주는 밥 제대로 주는 법

첫째, 딱 한 번만 "앉아"라고 말합니다.

둘째, 반려견에게 3초간 반응할 시간을 줍니다.

셋째, 보호자의 말을 듣지 않으면 다음 밥시간까지 밥을 주지 않습니다.

넷째, 3초 안에 잘 반응할 경우 밥을 줍니다.

다섯째, 반려견이 15분 안에 밥을 다 먹지 않으면 남은 밥은 바로 치우고 다음 밥시간에도 이 순서를 동일하게 적용합니다(만약 반려견이 "앉아"라고 명령하지 않아도 저절로 앉는다면 "엎드려" "기다려" 등 다른 행동을 시킵니다).

* 보호자가 이런 방법을 사용하는 데 거부감이 들 수 있습니다. 위의 방법은 특히 보호자에게 공격성을 보이는 개한테 적용하고 그러지 않는 경우 무언가 하나라도 시키고 밥을 주는 방법을 적용해도 좋습니다!

밥을 이런 방식으로 주면 개가 어떻게 달라질까요. 밥을 점점 소중한 것으로 인식하게 됩니다. 또 보호자가 시킨 것을 잘 따라야만 밥이 나오기 때문에 보호자에 대한 존경심이 높아집니다. 한마디로 보호자의 리더십이 올라가는 셈입니다.

간식을 주는 데도 원칙이 있다

많은 보호자들이 그냥 미안해서, 또는 예뻐서 반려견에게 간식을 줍니다. 심지어 보호자에게 떼를 쓰는 행동인 '짖기'를 할 때 그 상황을 모면하려고 간식을 주기도 합니다. 이렇게 되면 개는 짖어야 보호자가 맛있는 것을 준다고 생각해 문제 행동을 더 자주 하게 됩니다. 저는 이런 경우 '보호자가 개를 교육하지 않고 개가 보호자를 교육하는 상황'이라고 꼬집어 비유합니다.

간식을 줄 때도 밥을 줄 때와 마찬가지로 원칙을 세워야 합니다. 우리가 그렇듯 개도 세상에 공짜가 없다는 걸 알게 해야 합니다. 언뜻 매정하게 들릴지도 모르겠습니다. 하지만 이건 반

"아침은 언제나 개푸치노로 시작해요.
그게 제 원칙이죠."

려견에게 정말 어려운 일을 요구하라는 게 아닙니다. 아주 간단한 것이라도 보호자가 원하는 것을 잘해야만 맛있는 간식을 먹을 수 있다고 인식하게끔 하면 됩니다. 처음에는 한 가지를 잘하면 간식을 주고, 점점 여러 가지를 연속적으로 잘했을 때 아주 작은 간식을 하나씩 주면 됩니다.

여기서 주의할 것은 개에게 무언가를 시킬 때 신호를 단 한 번씩만 주는 것입니다. 보호자 대부분이 하는 실수가 있는데, 바로 반려견에게 기회를 여러 번 주는 것입니다. 예를 들어 "앉아"라고 해놓고 말을 듣지 않으면 "앉아, 앉아, 앉아"라고 반복합니다. 그러나 생각해보세요. 우리는 존경하고 따르는 상사 또는 선배가 부탁하거나 요구하면 한 번만 말해도 철석같이 듣는 경우가 많지 않은가요. 개도 보호자가 한 번 말하면 알아듣도록 교육해야 합니다. 만약 한 번에 말을 듣지 않으면 네가 좋아하는 것을 얻을 기회가 끝난다는 사실을 인식시키는 것이 좋습니다.

지금 소개한 방법은 사실 특별한 것이 아닙니다. 보호자에 대한 공격성은 매우 다양한 양상을 띠지만, 이를 풀어내는 기본적인 방법은 아·세·공 프로그램입니다. 이 방법을 가족 구성원 모두가 2~3개월간 꾸준히 한다면 반려견은 분명 점점 달라지는 모습을 보일 것입니다.

제가 미국에 연수를 갔을 때 동물행동학 전문의 과정생 중한 명이 정말 부끄러운 표정으로 교수님에게 조언을 구한 적이 있습니다. 알고 보니 유기견을 입양했는데 산책을 나가려고 하네스를 할 때마다 자꾸 자기 손을 물려 하고, 자기한테 으르렁거리며 공격적으로 대한다는 것입니다. 그러자 교수님께서 이렇게 이야기했습니다.

"음, 그렇다면 리더십 프로그램을 두 달 동안 꾸준히 진행해 보게. 그리고 꼭 영상을 찍어 다른 사람들에게도 보여주고."

나중에 촬영한 영상을 보게 되었는데 정말 신기하게도 두 달간의 교육을 통해 반려견의 공격성이 감쪽같이 사라졌습니다. 하지만 그 개의 표정이 평온하고 즐거워 보인 건 아니었습니다. 개는 정말 딱 이렇게 말하고 있었습니다.

'내가 정말 싫지만 엄마가 하라니까 참을게.'

그렇습니다. 반려견이 보호자에게 공격성을 드러내는 상황은 대부분 개가 사람과 살면서 꼭 받아들여야만 하는 것을 요구할 때 벌어집니다. 개의 관점에서 보면 정말 싫은 어떤 행동을 보호자가 요구할 때 참느냐, 또는 싫은 감정을 공격적으로 표현하느냐의 차이입니다. 한 번 더 강조하지만, 개가 자신의 감정을 공격적으로 표현하는 대신 절제력을 갖고 참을 수 있게 하려면 보호자의 현명하고 부드러운 리더십이 필요합니다.

모두가 행복해지기 위한 펫티켓

우리나라에 반려견 인구가 크게 늘어난 때는 2002년입니다. 2002 한일월드컵으로 국가적 에너지가 넘쳤을 때 출산율뿐 아니라 반려견 입양도 급격하게 증가했습니다. '월드컵 베이비'뿐 아니라 '월드컵 반려견'도 넘쳐난 셈입니다.

문제는 반려견이 양적으로 급증한 반면 관련 문화의 질적 성장은 그 속도를 따라가지 못했다는 점입니다. 반려견을 키우면서 발생하는 책임을 진지하게 생각하는 문화가 형성되기 전에 반려견 인구가 지나치게 늘다 보니, 최근 반려인과 비반려인 사이에 갈등이 점점 커지는 것도 어쩔 수 없는 현상입니다.

이런 사회적 갈등을 해결하기 위해 필요한 것이 펫티켓입니다. 펫티켓은 pet(반려동물)과 etiquette(예절)의 합성어로 반려동물을 키울 때 지켜야 할 기본예절을 뜻합니다.

먼저 산책할 때의 펫티켓부터 살펴보죠. 기본적으로 챙길 것은 배변봉투입니다. 이 부분은 정말 단기간에 많이 좋아졌습니다. 이제는 반려인 대부분이 배변봉투를 지참합니다. 그러나 예외적인 몇몇 반려인이 있습니다. 그들 때문에 전체 반려인이 욕을 먹습니다. 개와 산책을 나갈 때는 내가 혹시 전체 반려인에게, 또 우리나라 반려견 문화 전반에 피해를 주고 있지는 않은지 생각해봐야 합니다.

반려견과 산책할 때 또 한 가지 명심할 것은 '세상에 물지 않는 개는 없다'라는 사실입니다. 미국 연수 시절 교수님이 제게 수없이 강조한 내용이기도 합니다. 사실 저는 '세상에 물지 않는 개가 있다'고 생각합니다. 비숑 프리제 종인 제 강아지 버블이입니다. 버블이는 아무리 극한 상황이 와도 어느 누구도 물지 않을 것이라고 내심 생각합니다. 하지만 동시에 저는 버블이가 언제든 누군가를 물고 사고를 칠 수도 있다고 생각하려 노력합니다. 그래야 모두가 안전하기 때문입니다.

제가 처음으로 운전을 시작할 때 아버지가 이렇게 말씀하셨습니다.

"네 차 빼고 다른 차는 다 미쳤다고 생각해라."

실제로 다른 차량 운전자가 모두 미치진 않았을 것입니다. 하지만 그만큼 철저하게 방어운전을 해야 한다는 말씀이셨습니다. '세상에 물지 않는 개는 없다'는 말도 마찬가지입니다. 내 반려견이 아무리 착하고 잘 교육받았다 해도 방어운전 자세를 풀지 말아야 합니다.

그러면 보호자가 할 일이 분명해집니다. 산책 나갈 때 개에게 반드시 산책줄을 하는 것입니다. 모든 개에게 입마개를 할 필요는 없지만 단 한 번이라도 다른 개나 사람을 물려 한 개, 또 문 경험이 있는 개라면 입마개 교육 후 반드시 입마개를 해야 합니다. 법적으로 맹견에 포함되는 개 또한 마찬가지입니다.

반려인은 늘 반려견의 행복을 마음에 둡니다. 반려견이 행복하려면 앞서 말한 5가지 조건이 충족돼야 합니다. 부적절한 영양 관리로부터의 자유, 불쾌한 환경으로부터의 자유, 신체적 고통으로부터의 자유, 정신적 고통으로부터의 자유, 자연스러운 본능을 발휘하며 살 자유를 보장해야 하죠.

요즘 저는 어떻게 하면 반려견을 좀 더 행복하게 해줄 수 있을까 생각하는 사람을 대상으로 강연할 때가 많습니다. 그때마다 이 5가지 조건을 설명하면서 더불어 한 가지를 더 강조합니다. 내 반려견의 행복만 생각하면 안 된다는 것입니다. 반려견이 다른 사람에게 피해를 주지 않는 것을 추가해 총 6가지 조건이 충족돼야 '우리 모두'가 행복할 수 있다는 뜻이죠.

물론 세상에는 반려견이 아무 피해도 주지 않는데 단지 개라는 이유로, 또 반려인이 개를 키운다는 이유로 시비를 거는 사람이 있습니다. 그들의 눈치를 보라는 의미가 아닙니다. 우리가 부지불식간에 다른 사람에게 피해를 주지는 않는지, 평소 좀 더 주의 깊게 생각해봐야 나와 내 반려견, 그리고 우리 모두가 좀 더 행복해진다는 뜻입니다.

피곤한 개가 행복하다

많은 보호자는 교육이 개에게 스트레스를 줄 거라고 오해합니다. 그럴 만도 합니다. 우리도 그랬으니까요. 어릴 때부터 공부하라는 부모님의 잔소리와 함께 무한 경쟁을 거쳐온 우리나라 어른들은 공부 또는 교육을 항상 스트레스로 인식합니다. 하지만 개는 그런 경험을 한 적이 없습니다. 그러니 '개도 나처럼 공부를 싫어할 거야'라고 무작정 넘겨짚으면 안 됩니다.

성취감은 사람뿐 아니라 모든 동물이 공통으로 느끼는 감정입니다. 자기 노력으로 무언가를 얻어낼 때 동물의 뇌에서는 도파민 등 기분을 좋게 만드는 신경전달물질이 분비됩니다. 그런데 오늘날 가정에서 자라는 개는 이런 경험을 할 기회가 많지 않습니다. 오히려 할 일이 너무 없어 스트레스를 받습니다.

2014년에 이뤄진 한 연구에 따르면 개는 그냥 얻는 간식보다 보호자의 신호에 따라 뭔가를 잘 수행했을 때 대가로 받는 간식을 더 선호한다고 합니다. 개가 성취감을 느낄 수 있도록 해주는 적절한 교육은 개를 행복하게 만드는 재밌는 놀이가 될 수 있는 셈입니다.

또한 머리를 쓰면 굉장히 많은 에너지가 소모됩니다. 산책의 목적 중 하나가 개의 에너지를 충분히 쓰게 하는 것이라는 점을 고려하면, 산책하지 못할 경우 무엇을 해야 할지 쉽게 떠올릴 수 있습니다.

어떻게 하면 반려견을 행복하게 해줄 수 있냐고 묻는 사람들에게 저는 늘 '피곤한 개가 행복하다'고 말합니다. 불과 얼마 전까지만 해도 개는 야생동물로부터 사람을 지키고, 사냥을 돕고, 무거운 물건을 옮기는 등 여러 일을 했습니다. 그 과정에서 에너지를 소모하고 스트레스를 풀었습니다. 사람이 오랫동안 아무 일도 안 하면 우울감을 느끼듯, 개 또한 에너지가 남아돌면 스트레스를 받아 문제 행동을 할 확률이 높아집니다.

그래서 반려견과 함께 집 안에서 행복하게 해주는 5가지 방법을 소개하려 합니다. 하지만 먼저 명심할 점이 있습니다. '이 방법이 있으니 이제 안 나가도 되겠다'고 생각하면 안 된다는 겁니다. 반려견에게 산책보다 더 재미있고 자기 에너지를 한껏 쏟을 수 있는 놀이는 거의 없습니다. 한겨울에도 반려견을 가장 행복하게 해줄 수 있는 선물은 산책입니다. 다만 여건상 도저히 산책할 수 없을 때는 다음 5가지를 따라해보세요.

밥그릇을 치워라!

제 강의를 듣거나 칼럼을 꾸준히 읽은 사람은 귀에 못이 박히게 들은 이야기일 것입니다. '반려견 밥그릇을 치워라!' 우리는 '밥 먹을 때는 개도 안 건드린다'는 옛말을 떠올리며 반려견 밥을 그릇에 담아줍니다. 겉으로 보면 개를 대우해주는 행동 같지만, 실상은 크게 미안함을 느껴야 할 행동입니다.

개를 포함한 여러 동물종을 대상으로 실험한 결과가 있습니다. 집에서 키우는 고양이를 제외한 대부분의 동물은 그릇에 담긴 음식을 편안히 먹기보다, 찾기 어렵게 놓인 음식을 먹는 쪽을 택했습니다. 같은 음식이라도 그릇에 있는 것보다 장난감 안에 들어 있는 걸 더 좋아했습니다. 요즘 동물원에서 곰에게 먹이를 줄 때 나무에 매달아 주고 북극곰에게 얼음에 얼린 물고기를 주는 것도 다 이런 이유에서입니다.

이런 개의 습성에 맞게 시중에는 개 사료를 넣을 수 있는 다양한 형태의 용기, 이른바 '먹이 급여 장난감'이 판매되고 있습니다. 반려견 밥을 이런 장난감에 담아 제공하는 것만으로도 강아지에게는 재미있는 놀이가 됩니다.

주의할 점은 반려견 수준을 고려해 제품을 골라야 한다는 것입니다. 계속 밥그릇에 사료를 담아주던 보호자가 어느 날 갑자기 너무 어려운 방법으로 사료를 주면 상당수 개는 '저건 안 되는 거구나'라고 여기고 쉽게 포기합니다. 반려견이 이런 '놀이'에 익숙하지 않다면 가장 쉬운 수준의 먹이 급여 장난감을 고르는 게 좋습니다. 이후 차츰 난도를 높이면 개의 흥미를 유발할 수 있습니다.

먹이 급여 장난감을 한 종류만 반복해서 사용하는 것도 바람직하지 않습니다. 한 가지 장난감을 갖고 놀면 누구나 쉽게 질립니다. 처음에는 적극적으로 사료를 찾아 먹던 반려견이 어느 순간 흥미를 잃은 듯한 모습을 보일 때 '에이, 별로 재미없나 보네' 하고 그만두어선 안 됩니다. 여러 종류의 장난감을 돌아가며 사용하는 게 좋습니다. 굳이 큰돈 들여 구매하지 않아도 됩니다. 유튜브 등에서 'DIY dog toy' 등을 검색하면 집에서 쓰지 않는 물건으로 먹이 급여 장난감 만드는 방법을 쉽게 확인할 수 있습니다.

깨무는 장난감

코끼리 아저씨는 코가 손이고 개의 경우 입이 손입니다. 사람이 심심하면 손을 계속 움직이듯, 개는 입으로 뭔가를 계속 탐험하고 싶어 합니다.

그래서 대부분의 개는 씹는 본능을 갖고 있습니다. 이를 제대로 해소하지 못하면 집 안 물건이나 보호자를 깨무는 문제 행동을 보일 수 있습니다. 산책을 충분히 못 하는 개에게 나타날 수 있는 증상입니다. 이를 해소할 수 있는 방법이 깨무는 장난감입니다. 깨무는 장난감을 선택할 때도 주의할 점이 있습니다.

첫째, 찢어지지 않는 장난감이어야 합니다. 일반적인 인형을 갖고 놀면 겉감을 찢은 뒤 안에 있는 솜이나 천을 삼켜 병원에 실려 오는 경우가 많기 때문입니다.

둘째, 너무 딱딱한 장난감은 피해야 합니다. 지나치게 딱딱한 장난감은 반려견 치아의 에나멜층에 상처를 입혀 치석 생성을 앞당기기 때문입니다. 아예 이빨이 깨지는 개도 많습니다. 잇몸을 다치면 치은염과 치주염이 유발될 수도 있습니다.

최근에는 개의 씹는 욕구를 안전하게 채워주면서 내용물을 잘못 삼킬 걱정도 없는 장난감이 시중에 많이 나와 있습니다. 씹는 장난감만큼은 안전하게 만들어진 전문 제품을 사용하는 것을 추천합니다.

노즈워크

개의 감각 중 가장 뛰어난 건 후각입니다. 개가 냄새 맡는 능력은 상상을 초월합니다. 종에 따라 다소 다르지만 일반적으로 사람보다 100만 배에서 최고 1억 배 정도 뛰어납니다. 특정 냄새를 맡으면 각각의 냄새를 분리해 원인 물질까지 찾을 수 있을 정도입니다. 올림픽 수영장 두 개를 채울 정도의 물에 잉크 한 방울만 떨어뜨려도 그 냄새를 찾아냅니다.

심지어 보호자의 심리상태를 냄새로 판단하기도 한다고 합니다. 보호자가 공포 영화를 보며 흘린 땀과 코미디 영화를 보며 흘린 땀을 갖고 실험한 결과, 반려견이 공포 영화를 보며 흘린 땀 냄새를 맡았을 때 스트레스 호르몬 수치와 스트레스 반응이 더 높았다는 연구 결과도 있습니다.

개의 뇌에서는 후각 정보를 처리하는 부분이 높은 비중을 차지합니다. 그 부분 바로 뒤에 감정과 관련한 뇌가 자리 잡고 있으며 이 둘은 아주 밀접하게 연관돼 있습니다. 그래서 후각 활동을 충분히 하지 못하면 개가 예민해지고 공격적으로 변한다는 연구 결과가 있습니다. 산책을 가지 못할 땐 집 안을 커다란 '노즈워크' 놀이터로 만들어주세요.

우리나라 보호자 상당수는 노즈워크를 매트 등에 간식이나 사료를 뿌려주고 먹게 하는 것 정도로 생각합니다. 운동량을 늘리고 개가 더 재미를 느끼게 하려면 집 안 전체를 이용해 보물 찾기를 하듯 꾸며보는 게 좋습니다. 한 사람이 개의 주의를 끄는 동안 다른 한 사람이 간식 또는 간식이 든 조그만 통을 집 안 곳곳에 숨기고 개에게 찾도록 하는 것입니다. 이 놀이 방법을 잘 모르는 개에게는 처음에 힌트를 약간 줘야 합니다. 보호자가 간식을 숨긴 곳 주변까지 같이 가서 힌트를 주면 개는 금방 노즈워크 놀이 방법을 알아차립니다.

단 이런 놀이를 자주 하면 개들이 심심할 때마다 무언가를 찾는 놀이를 할 수 있으니 평소 개가 먹으면 안 되는 물건은 개가 닿을 수 없는 장소에 두고 잘 관리하는 것이 좋습니다.

터그 놀이

실내에서 개의 에너지를 단시간에 가장 많이 소모하게 하는 놀이 중 하나는 '줄다리기 놀이' 또는 '밀당 놀이'라고 불리는 터그 놀이입니다.

많은 보호자가 잘 알고 있는 놀이지만 주의할 점이 있습니다. 첫째, 개가 이기는 상황을 만들어 성취감을 느끼게 해줘야 한다는 것입니다. 2002년 발표된 한 연구에 따르면 터그 놀이를 하며 절반은 보호자가 이기고 절반은 개가 이기게 했을 때 개가 놀이에 더 흥미를 느끼고 쉽게 지루해하지 않는다고 합니다.

또 터그 놀이를 하다 보면 개들이 흥분하는 경우가 많으므로 안전을 위해 다음 세 가지를 지켜야 합니다.

1. 보호자가 허락할 때만 로프를 물게 해야 합니다. 반려견이 로프를 보고 흥분해 달려들어 무는 식으로 게임을 시작하면 안 됩니다. 얌전히 앉아 있을 때 보호자가 시작 신호를 보내면서 놀이를 시작해야 합니다.
2. 사전 교육을 통해 "놔"의 의미를 가르치고 보호자가 "놔"라고 하면 즉각 로프를 놓게 해야 합니다.
3. 개의 이빨이 보호자 살에 닿으면 즉시 놀이를 중단해야 합니다. 개 스스로 자기가 너무 흥분하거나 보호자 손을 물면 재미있는 놀이가 끝난다고 인식하도록 하는 게 중요합니다.

야바위 놀이

개는 머리 쓰는 걸 좋아하고 뇌 활동을 통해 많은 에너지를 소모합니다. 반려견을 기르는 제 지인은 같이 산책 나갔을 때보다 제가 방문해 교육을 하고 난 뒤 개들이 더 피곤해하고 바로 숙면에 들어간다고 말했습니다. 그런 놀이 가운데 보호자와 개 둘 다 재미를 느낄 만한 것으로 야바위 놀이가 있습니다. 교묘한 수법으로 남을 속여 돈을 따는 놀이 말입니다.

먼저 종이컵을 2개 준비해 한 군데만 간식을 넣고 이리저리 섞은 뒤 반려견이 간식이 든 종이컵을 선택하면 바로 꺼내 간식을 줍니다. 잘못된 종이컵을 고르면 간식을 주지 말고, 간식이 든 종이컵을 들어 간식을 보여준 뒤 다시 섞어줍니다. 처음엔 종이컵 2개로 개의 성공 확률을 높여주다가 놀이에 익숙해지면 종이컵 수를 3개, 4개, 5개로 점차 늘려가며 단계를 높이도록 합니다.

사랑해, 잘 가, 행복했어!

안락사는 편안한 죽음이라는 뜻입니다. 존엄사라고도 하는데, 사람의 경우에도 더 이상 살 희망이 없을 때 편안한 죽음을 법적으로 허용합니다. 중요한 점은 반드시 자신, 가족 그리고 의사의 결정이 있어야 한다는 것입니다.

사실 수의사에게 안락사는 참 결정하기 어려운 문제입니다. 그도 그럴 것이 본인의 의사를 물어볼 수 없으니까요. 또 혹시라도 기적이 일어나지 않을까 하는 실낱같은 희망을 버릴 수 없어서이기도 합니다. 만약 저 자신이 치유할 가능성이 없는 질병에 걸렸다면 저는 안락사를 택할 것입니다. 하지만 저와 모든 개의 마음이 같지 않을 수도 있습니다.

대학 시절부터 지금까지 안락사 경험이 여러 번 있지만 그 중에서 동물병원 수의사로서 시행한 첫 안락사는 아직도 기억에 남습니다. 그만큼 제가 많은 고민을 했다는 의미겠지요. 인턴 수의사로 일하고 있었던지라 어려운 문제는 원장님과 상의해 진료를 보던 때였습니다. 그런데 그날따라 원장님이 급한 일로 자리를 비웠고 저 혼자 병원을 보게 되었습니다.

그때 어떤 모녀가 울면서 하얀 푸들을 안고 들어왔습니다. 뼈가 드러날 만큼 야윈 푸들은 한눈에 봐도 상태가 심각했습니다. 엑스레이를 찍어보니 유방암이 폐로 전이되어 더 이상 손 쓸 수 없는 상황이었습니다. 푸들은 더 이상 가망이 없어 보였고 안락사 조건에도 부합했습니다. 하지만 두려웠습니다. 그렇게 아픈 상황에서도 혹시 푸들이 보호자와 조금이라도 더 같이 있고 싶어 하진 않을까 하는 마음이었습니다. 제가 상황을 설명하자 보호자들 눈에서는 눈물이 하염없이 흘렀습니다. 잠시 뒤 보호자들이 조심스럽게 먼저 안락사 이야기를 꺼냈습니다. 저는 여러 차례 의사를 확인한 뒤 두 팔에 아이를 안고 처치실로 들어갔습니다. 동물병원 수의사로서의 첫 안락사였습니다. 그날 진료실에 멍하니 앉아 내가 잘한 게 맞겠지 하고 계속 되뇌던 기억이 납니다.

안락사라는 것은 쉽게 결정할 수 없는 문제입니다. 특히 동물 안락사는 본인에게 의사를 물어보지 못하고 한 생명의 끝을 결정하는 위험한 일입니다. 안락사 기준에 맞는지 확인하는 것도 중요하지만, 그런 기준을 넘어 머리와 마음이 아플 정도의 고민이 필요한 일입니다.

안락사뿐 아니라 자연사가 가져다주는 상실감도 큰 문제입니다. 최근 유행하는 펫로스 증후군pet loss syndrome이 있습니다. 가족처럼 사랑하는 반려동물이 죽은 뒤에 경험하는 상실감과 우울 증상을 말합니다. 사실 반려동물을 키워본 사람과 키워보지 않은 사람은 펫로스 증후군을 이해하는 깊이가 다릅니다. 반려동물과 함께 소통한 경험이 없으면 그 마음을 짐작하기 힘들기 때문이죠. 그래서 간혹 펫로스 증후군은 심약한 사람들의 정신 문제일 뿐이라고 폄하하는 이들도 있습니다.

하지만 반려동물은 자식과도 같은 존재입니다. 자식을 잃은 슬픔은 이 세상 모든 슬픔 가운데 가장 큰 슬픔이라고 합니다. 그 슬픔을 어떻게 폄하할 수 있을까요?

제게도 그런 경험이 있습니다. 죽음에 익숙해질 법한 수의사라는 직업을 가지고 있는 저는 이미 저와 함께 지내던 슈나의 죽음을 예상할 수 있었는데도 그 슬픔을 이겨내기 힘들었습니다. 슈나가 많이 아프다는 부모님의 연락을 받고 모든 일정을 취소하고 부모님 집으로 향했습니다. 부모님께 표현하진 않왔지만 수의사로서 볼 때 이미 슈나는 가망이 없어 보였습니다. 병원으로 데려가 입원을 시킬까도 고민했지만 그래도 사랑하는 가족들 품에 있는 것이 더 좋을 것 같았습니다. 집으로 돌아오는 차 안에서 저는 복잡한 심경이 되었습니다. 머릿속으로는 이별을 예감하면서도 마음은 괜찮을 거라고 우겼습니다. 다음 날 새벽 6시에 휴대폰 벨 소리가 울리는 순간 저는 슈나의 죽음을 직감했습니다.

다시 집으로 향하는 차 안에서 친한 선배 수의사에게 전화했습니다. 평소 울음이 없는 저인데도 하염없이 눈물이 흘렀죠. 정신 단단히 붙잡고 운전 조심하라는 선배의 말을 한 귀로 흘려보내며 집으로 향했습니다. 집에는 금방이라도 다시 일어날 것만 같은 슈나가 누워 있었습니다. 아직도 체온이 남아 있는 부드러운 털을 쓰다듬으며 태어난 이래 가장 많이 울었습니다. 저도 제가 그렇게 울 줄 몰랐습니다. 몸에 있는 수분이 다 빠져나올 것처럼 눈물이 났습니다. 알았는데도, 죽음에 익숙한데도 불구하고…….

슈나를 보내고 난 저는 펫로스 증후군에 대해 조금 더 공부하고 같은 슬픔을 가진 사람들에게 조금이나마 도움이 되는 길을 찾기 시작했습니다. 물론 슬픔을 감당하는 건 오로지 당사자의 몫이고, 제가 해드릴 수 있는 건 별로 없습니다. 단지 한마디

충고하자면 언제나 마음의 준비를 하는 편이 좋다고 말씀드리고 싶습니다.

우리는 이별을 준비해야 합니다. 준비를 해도 정말 힘들긴 하지만, 그래도 준비를 하면 세상 무엇과도 비교할 수 없는 슬픔을 조금은 줄일 수 있습니다.

얼마 전 지인 중 정신과 전문의와 이야기를 나눈 적이 있습니다. 펫로스 증후군에 대해 이야기했더니 그에게서 이런 대답이 돌아왔습니다. "그런 게 어디 있어. 그냥 힘든 사람 마음대로 슬픔을 줄일 수 있는 대로 하면 되는 거야."

미국에서는 한 사람이 평생 동안 키우는 반려동물 수가 2.5마리라고 합니다. 하지만 우리나라는 그에 비하면 턱없이 모자라죠. 아무래도 자식을 잃은 것 같은 슬픔을 다시 한 번 느끼고 싶지 않아서일 겁니다. 실컷 슬퍼하고, 실컷 울고, 실컷 보고 싶어 하세요! 그리고 그 슬픔이 줄어들 때 그 사랑을 다른 아이들한테 나눠주세요.

마지막으로 이별을 준비하거나 지금 슬퍼하고 있는 사람들에게 꼭 하고 싶은 말이 있습니다. 그 아이는 당신을 만나 정말 행복했을 거라고요.

슈나에게 보내는 편지

슈나야, 안녕! 오빠야.

이런 편지를 써본 지가 언제인지 기억도 나지 않네. 아마 연애 초기 와이프에게 썼던 편지 이후 처음이겠지?

너와 네 친구들은 항상 현재에 충실하며 살아서 후회라는 걸 하지 않지만 오빠는 항상 후회하며 살아. 그리고 그중 가장 큰 후회는 너에게 더 잘해주지 못했다는 거야.

수능 공부를 하며 늦게 들어와도 나를 환하게 반겨주던 네가 기억나. 사실 너 때문에 오빠는 더 수의사가 되고 싶었단다. 외출하고 돌아오면 따듯하게 데워져 있던 중문 바로 앞, 그곳에 남아 있던 너의 온기가 그리워. 그때 네가 느꼈을 외로움과 기다림을 잘 알아주지 못해서 미안해. 그리고 항상 엄마 옆에 있어줘서 정말 고마웠어. 산에 가자는 아빠의 말이 귀찮아서 무시한 나 대신 항상 즐거운 마음으로 아빠와 같이 해줘서, 나와 누나가 힘든 시간을 보낼 때 항상 먼저 다가와 위로해줘서 고마웠어.

사실 오빠는 그때 아무것도 몰랐단다. 그냥 네가 건강하기만 바랐어. 어쩔 수 없는 실명과 방광결석 그리고 호르몬질환, 그런 것만 도와주면 된다고 생각했지. 하지만 더 많은 공부를 하고 나중에야 알았어. 네가 정말 많이 힘들었을 거라는 걸.

뒤늦게야 비로소 너와 즐거운 시간을 보내려 했건만, 그때 너는 이미 치매에 걸려 있었지. 네가 안 하던 화장실 실수를 하고, 밤낮이 바뀌어 밤에 또각또각거리며 계속 돌아다닐 때, 내가 집에 돌아와도 더 이상 알아보지 못할 때, 그때 난 너무 뒤늦은 후회가 들었단다. 하지만 그럴 때도 난 네가 옆에 있어서 정말 좋았어. 이건 진심이야.

난 아직도 집에 가면 네가 눈이 안 보여서 벽에 콩콩 부딪히며 묻힌 콧기름 자국 때문에 눈시울이 뜨거워진단다. 이제야 오빠가 배운 걸 너와 같이 하고 싶지만 그럴 수 없어 미안해. 그 대신 버블이, 세상이, 그리고 오빠를 믿어주는 많은 다른 아이들의 행복을 위해 더 열심히 해볼게! 이해해줄 수 있지?

사랑한다. 다음 생에도 마구마구 뛰어다니고, 아픈 데 없이 네가 좋아하는 거 다 먹을 수 있는 오빠의 강아지로 태어나주렴!

SOS! 우리 댕댕이 좀 말려주세요!

Q …… **자율 급식 중이라 식탐은 없는데 제가 뭐만 먹으려 하면 자꾸 옆에 와서 간절히 쳐다봐요. 이럴 때는 어떻게 하는 게 좋을까요?**

A …… 자율 급식을 하면 사료에 식탐이 없는 건 당연합니다. 사료 소중한 줄 모르거든요. 저는 자율 급식은 추천하지 않습니다. 어린아이들이 밥은 안 먹고 과자만 찾는 행동을 부추기는 것과 같기 때문입니다. 간단히 이야기하면 그렇게 뭔가를 바라는 행동을 매너 없이 할 때는 완전히 무시해주세요. "안 돼"라는 말도 하지 말고 눈도 마주치지 마세요. 처음에는 짖거나 달라고 하겠지만 꾹 참으세요. 점점 좋아질 겁니다. 그래도 너무 힘들면 사람이 음식을 먹을 때 먹이 급여 장난감에 간식을 넣어 "너도 이거 가지고 놀아"라는 식으로 던져주세요.

자율 급식을 하면 강아지가 자율 급식하는 사료를 먹지 않고,

다른 먹을 것을 계속 먹으려고 노력하다가 모두가 잠든 새벽에 자율 급식 사료를 먹는 습관이 생깁니다. 공짜로 무한정 주어지는 사료에 별 가치를 느끼지 못하기 때문입니다. 문제는 그런 습관이 생기면 공복 시간이 길어지고, 공복 시간이 길어지면 담즙이 쌓여 노란 토를 하게 된다는 겁니다. 그렇게 되면 건강에 좋지 않은 결과를 초래합니다.

Q …… **저희 개가 목줄만 하면 매우 사나워지고 물려 합니다. 목줄 잘하는 팁 좀 알려주세요.**

A …… 우선 하네스를 쓰는지 넥칼라를 쓰는지가 중요합니다. 하네스를 입혔을 때 싫어하고 물려고 한다면 넥칼라로 바꿔보는 것을 추천합니다. 'tactile sensitivity', 즉 감각에 대한 예민성을 가진 강아지가 많은데 이런 아이들은 자기 몸에 뭔가 걸쳐지는 것에 극도의 거부감을 나타냅니다. 사람들도 어렸을 때 옷 입히려고 하면 막 울고불고 난리 치는 아이들 있거든요(사실 그게 저였다고 합니다^^). 우선 강아지들은 '내로남불'이니까 자기가 스스로 하게 해야 합니다. 넥칼라가 하네스보다 좋지는 않지만 그래도 하네스를 싫어한다면 넥칼라로 바꾸고 가장 좋아하는 간식을 통해 스스로 넥칼라를 통과하는 교육부터 시작해보세요.

또 강아지들은 목줄을 하게 되면 내 행동에 제약이 가해지고 내가 위험하거나 싫다고 느낄 때 도망갈 수 없다는 사실을 인식합니다. 그러면 도망 이외에 선택할 수 있는 카드로 공격만 남게 됩니다. 예민한 상태에서 내가 싫어하는 게 가까이 와도 도망갈 수 없으니 공격적인 모습을 보이게 되는 것이죠. 제어할 수 있을 만큼의 긴 줄을 이용해 산책줄이 당겨지는 느낌을 받지 않도록 교육해보세요.

Q …… **강아지가 마운팅하는 이유는 뭔가요?**

A …… 강아지들이 마운팅하는 건 성적 행동이나 우월성 때문에, 혹은 그냥 흥분해서입니다(기분이 좋을 때나 스트레스를 받을 때나 모두 흥분할 수 있습니다). 사실 우월성 또는 그냥 흥분해서인 경우는 금방 고쳐지는데요. 약간 새로운 대상과 냄새에 조금 성적으로 꽂힌 경우에는 타임아웃, 즉 공간 분리가 효과적입니다.

Q …… **강아지가 유독 저만 정말 싫어합니다. 만지는 것은 물론이고 가까이 다가가는 것도 싫어해서 짖고 물고 그러는데 이유가 뭘까요?**

A …… 두 가지 원인이 있을 것 같습니다. 하나는 보호자가 모르는 이유가 있거나 다른 하나는 인지장애, 즉 치매 증상이 있어서입니다. 대부분의 보호자는 이유가 없다고 말하지만 관찰 영상이나 다른 행동을 살펴보면 그럴 만한 이유가 있는 경우가 많습니다. 예를 들어 발톱 깎기, 귀 닦기, 이빨 닦기 등 강아지들이 싫어하는 관리를 혼자 다 하고 있는 경우가 그렇습니다. 혹은 강아지

를 너무 예뻐해서 쉬고 싶어 하는 아이에게 다가가 계속 안고 뽀뽀하는 게 원인일 수도 있습니다. 아니면 옛날에 강아지가 어딘가 아팠는데 보호자가 모르고 껴안는 행동을 했고, 그래서 강아지는 자기가 보호자 때문에 아팠다고 생각했을 수도 있습니다. 한편 혹시 밤낮이 바뀌고 식욕이 증가하고 배변 실수가 늘어났다면 병원을 찾아가서 치매 증상이 아닌지 확인해볼 필요가 있습니다.

Q …… **15개월 된 강아지인데 언제부터인가 배변판 대신 거실 특정 장소에만 실례를 합니다. 옆으로 새지 않는 배변판으로 바꿔줬는데 아예 올라가는 것 자체를 거부합니다. 간식으로 유혹해봐도 아무 소용이 없는데 이유가 뭘까요?**

A …… 우선 성별과 중성화 여부, 종(대형견, 소형견), 그리고 문제 행동이 일어난 지 얼마나 되었는지가 중요합니다. 만약 중성화를 하지 않은 수컷이라면 개춘기 등 여러 가지 요인에 의해 마킹 본능이 살아났을 수도 있습니다.

화장실 종류도 중요한데 관절 질환이 있는 강아지가 화장실에 올라갔다가 미끄러지는 트라우마가 생겨서 올라가기 싫어하는 경우도 있습니다. 그리고 새로운 물건에 올라가지 않는 건 당연합니다. 우선 인내심을 가지고 강아지가 새로운 배변판을 지나가면 배변판 밖에서 간식을 줘서 익숙해지게 해주는 편이 좋습니다.

그리고 인터넷에 알려진 것과 다르게 패드 위에 간식을 올려놓는 방법은 좋지 않습니다. 강아지가 당연히 그곳을 좋은 공간으로 인식해 패드 위에 엎드리거나 앉아서 기다리는 경우가 있습니다. 그러면 당연히 그 공간을 깨끗이 유지하려는 본능을 발휘하겠죠.

Q …… **실외에서 리트리버, 허스키를 키우고 있는데요, 밖에서 산책하다가 변을 봤을 때는 건들지도 않는데, 꼭 견사 안에 일을 보면 먹어버려요. 일 보는 시간이 대충 정해져 있어서 시간 맞춰서 밖에 내놓으려 하고는 있는데, 이게 가끔 타이밍이 어긋날 때는 여지없이 보고 먹어버리네요. 어떻게 하는 게 좋을까요?**

A …… 식분증은 원인이 정말 많고 고치기 어려운 행동 문제 중 하나입니다. 제가 생각하기론 견사에서는 놀이가 없고 심심하다 보니 어느 정도의 스트레스를 받을 것 같습니다. 먼저 영양상태 및 건강상태를 체크해보고 아무런 문제가 없다면 유튜브에서 '콩토이 레시피kong toy recipe'를 검색해보세요. 오랫동안 가지고 놀 수 있는 먹이 급여 장난감을 만들어 견사에 들어갈 때 제공해보는 것을 추천합니다.

Q …… **7개월 된 스피츠를 키우고 있는데 청각이 너무 예민합니다. 현관문 밖에 엘리베이터 소리가 들리거나 누가 계단으로 올라오거나 혹은 앞집에서**

문을 열고 닫을 때 너무 심하게 짖습니다.

A …… 소리 민감성을 가진 아이로 보입니다. 사실 어찌 보면 개들의 당연한 본능이죠. 우선 관리적 방법으로 백색소음을 사용해보는 걸 추천합니다. 블루투스 스피커와 쓰지 않는 휴대전화를 연결한 뒤 유튜브에서 'white noise'를 검색해서 플레이하고 문 앞에 놓아두세요. 우리들이 샤워하거나 설거지할 때 물소리 때문에 다른 소리가 안 들리듯이 신경에 거슬리는 소리를 상쇄해줄 수도 있습니다.

Q …… **6살 된 스피츠를 키우고 있는데 사회성이 부족하고 엄청 예민해서 산책 나갈 때 다른 강아지만 보면 마구 짖습니다. 다른 강아지가 같이 놀려고 다가와도 짖으면서 쫓아냅니다. 그래서 친구도 못 만들고요. 강아지 놀이터 이런 곳은 꿈도 못 꿉니다. 교육하는 방법이 있을까요?**

A …… 견생에서 가장 중요한 사회화 기간에 많은 친구를 만나봐야 하는데 그러지 못해 아이의 세상이 가족과 내 집으로 한정된 것으로 보이네요. 교육이 가능하지만 엄청난 노력과 시간이 필요합니다.

만약 친구를 만들어주고 싶다면 행동적으로 안정적인 친구부터 차근차근 만나게 해줘야 합니다. 또 산책 시에 다른 강아지가 보이면 만나지 말게 하고 그 자리를 피해주는 것이 좋습니다. 계속 만나게 해주면 보호자에 대한 믿음이 깨지고 흥분한 상황이라 무엇을 배울 수도 없기 때문입니다.

우선 기다려 교육을 통해 약간의 절제력을 길러줍니다. 실내와 실외에서 똑같이 기다려 교육을 합니다. 그런 뒤에 산책 시 흥분이 가라앉았을 때(보통 강아지는 산책 초기에 가장 흥분하므로 집에 돌아오는 길에 이 교육을 하는 편이 좋습니다) 한적한 곳에서 기다리세요. 우리 강아지가 다른 강아지를 인식하는 순간 "옳지" 하거나 클리커로 '클릭'하고 간식으로 보상하는 것을 반복해주세요.

그래도 다른 강아지와 친해지는 데는 어쩔 수 없는 한계가 있을 수 있지만, 이런 교육을 하면 다른 강아지를 만났을 때 조금은 더 절제할 수 있습니다.

Q …… 강아지가 공격성이 너무 강해 미용할 때마다 애를 먹습니다. 어디서 보니 마취를 하고 미용을 시키기도 한다는데 괜찮은지요?

A …… 그런 행동을 'conflict aggression(갈등 공격)'이라고 하는데 너무 심하다면 그런 방법밖에 없습니다. 최선의 방법은 안 하는 거죠. 마취보다는 훨씬 안전한 행동 약물을 먹이고 미용하는 경우도 있지만 공격성이 너무 강하다면 다른 방법이 없습니다. 만약 집에서 미용을 할 때는 그래도 상황이 낫다면, 미용하는 데 익숙해지도록 교육한 뒤 집에서 하는 게 가장 좋습니다(본문 208쪽의 '싫어하는 것을 좋아하게 만들 수 있을까' 참고).

Q …… **저는 14살, 12살 모녀 강아지를 키워요. 두 마리를 똑같은 방식으로 키웠는데 한 마리는 어렸을 때부터 성격이 불같고 자기 맘대로 안 되면 물어버리는 스타일이고 다른 한 마리는 순둥이입니다. 이런 성향은 선천적으로 타고나는 건가요? 그리고 불같은 성격으로 14년을 살았는데, 이런 강아지도 훈련을 받으면 개선이 되긴 하나요?**

A …… 강아지의 행동은 유전, 교육, 경험을 통해서 형성되는데 저는 유전도 정말 많은 부분을 차지한다고 생각합니다. 사실 행동학을 전문으로 하는 수의사들은 공격성은 고쳐지는 것이 아니라 관리하는 행동 문제라고 이야기합니다. 행동 문제가 있는 강아지를 살펴보면 세로토닌 분비가 안 되는 경우가 많은데 세로토닌 재흡수 억제 약물을 사용하면 아주 좋아지는 경우도 있습니다.

Q …… **강아지를 두 마리 키우고 있는데 한 마리가 자기가 가지고 놀지도 않는 장난감을 빼앗아가서 다른 강아지가 못 놀게 지키는 바람에 스트레스를 너무 받아 해요. 이런 행동이 보호자의 관심을 끌려고 그러는 건가요?**

A …… 강아지들은 질투가 많습니다. 남의 떡이 더 커 보인다고 할까요. 실제로 같은 장난감을 두 강아지에게 각각 줘도 서로 뺏으려 하는 경우가 흔합니다. 이때는 보호자의 관리가 가장 중요합니다. 뺏으려고 하는 아이가 자꾸 그쪽으로 다가가려고 하면 몸으로 막는 바디블로킹을 하거나 기다려 교육을 통해 절제력을 길러주는 것도 한 방법입니다. 장난감을 줄과 연결해 거리가 있는

곳에 매달아 둘 다 가져가지 못하게 하는 것도 좋습니다.

Q …… **저희 강아지는 평소에는 아주 얌전한데 제가 게임하면서 헤드셋을 끼고 이야기를 하면 안절부절못하고 현관문을 긁는 행동을 합니다. 평상시 헤드셋을 끼고 가족들과 대화하거나 음악을 듣거나 통화를 해도 괜찮은데 유독 게임할 때만 그러는 이유가 뭘까요?**

A …… 반려견이 이런 행동을 보일 때 보호자의 반응이 상당히 중요합니다. 현관문 쪽으로 가서 긁는다는 걸 보니, 주인이 헤드셋을 끼고 이야기하면 다른 보호자가 들어온다고 생각하는 등 아이만의 잘못된 인식이 있지 않나 판단됩니다.

Q …… **반려견 여러 마리를 키우는 다견 가정인데 산책을 좀 편하게 할 수 있는 방법이 없을까요? 분리 산책하는데 혼자 산책을 시켜야 할 때 한 마리가 나가면 남아 있는 강아지들이 짖어대요. 집 안 산책도 해봤는데 잘 안 되더라고요. 산책은 보통 10분 정도 합니다. 사실 더 길게 하고 싶은데 이웃에 소음으로 피해 끼치고 싶지 않아서요. 크레이트 훈련 같은 거 해보면 도움이 될까요?**

A …… 저도 분리 산책을 추천합니다. 집 안 산책은 사실 큰 의미가 없다고 생각하고요. 우선 집에서 가까운 곳으로 조용하고 넓은 공간을 찾아서 산책을 나가세요.

여러 마리 다 데리고 나가서 한곳에 묶어놓고 한 마리씩 산책시켜보는 것도 추천합니다. 처음에는 다음 아이로 넘어가는 간격을 짧게 해서 조금만 기다리면 내 차례가 온다는 인식을 심어주면 인내심이 조금씩 늘어날 거예요. 그게 힘들다면 크레이트 교육을 하면서 기다리는 강아지에게는 콩토이에 특식을 넣어서 주고 기다릴 때만 먹을 수 있게 하는 것도 한 방법입니다.

Q …… **대형견끼리 싸울 때 말리는 법이 있을까요?**

A …… 상황을 신중하게 살펴볼 필요가 있습니다. 개들끼리 싸울 때 자세히 보면 겉으로는 심해 보여도 사실 아주 심하게 무는 경우는 드뭅니다. 무는 강도를 알아서 조절하는 거죠. "나한테 다가오지 마! 다음부터 나한테 이만큼 가까이 오면 또 물 거야!"라고 경고하는 정도입니다. 그런데 이 사실을 모르는 보호자가 "야!"라고 목소리를 높이면 대형견들은 더 심하게 공격하기 시작합니다. 즉 반려견이 싸울 때 이름을 크게 부르거나 같이 흥분해서 소리를 지르면 싸움이 커지는 거죠. 흥분은 전염성이 있습니다. 싸움 중간에 보호자가 덩달아 조급해져서 힘을 써서 말리려 들면 물림 사고가 일어날 수도 있습니다.

한 가지 팁은 싸우는 개의 배나 항문을 향해 센 수압으로 물을 뿌려주는 겁니다. 그러면 개들이 낯선 느낌에 깜짝 놀라서 싸움을 멈추게 됩니다. 작은 강아지가 흥분해서 짖을 때도 같은 방법을 응용할 수 있습니다. 예를 들어 분무기로 물을 살짝 뿌려주면 작은 강아지의 주의력을 분산할 수 있습니다. 이불을 덮는 것도 좋은 방법입니다. 하지만 소형견에는 잘 통해도 대형견에는 통하지 않을 수 있으니 유의하시기 바랍니다.

Q …… 미세먼지 많은 날도 산책을 해야 하나요?

A …… 미세먼지의 가장 큰 문제는 폐로 넘어가 몸속에 축적된다는 것입니다. 직경 10마이크로미터 이하 입자상 물질인 미세먼지는 기관지를 거쳐 폐에 들어가면 각종 폐질환을 유발합니다. 특히 어리거나 고령인 반려동물에게는 미세먼지가 치명적일 수 있습니다.

반려동물도 사람과 마찬가지로 미세먼지에 오래 노출되면 결막염이 생기거나 호흡기 질환을 앓을 수 있습니다. 아토피 피부질환이 있는 경우 가려움증이 더 심해지기도 합니다. 다만 인체는 코털이 미세먼지를 방어하는 기능을 하는데, 강아지는 콧속이 사람보다 더 복잡한 구조로 돼 있어 미세먼지가 폐까지 넘어가는 현상이 덜합니다. 그래도 몸 자체가 작으니 미세먼지가 심한 날에는 과격한 운동을 삼가는 편이 좋습니다.

단 무작정 산책을 금지하면 반려견이 스트레스를 받을 수 있습니다. 우리는 미세먼지가 많으니 나가지 말아야겠다고 생각하지만, 동물은 그걸 이해하지 못하니까요. 따라서 야외 산책은 짧게 하고 집 안 활동을 늘리는 게 좋습니다. 예를 들어 장난감에 밥을 넣어줘 밥 먹는 동안 움직이게 하거나, 실내 놀이로 에너지를 쓰게 하는 거죠.

Q …… **강아지 귀 청소는 얼마나 자주 해야 하나요? 특별히 주의해야 할 점이 있을까요?**

A …… 귀에 특별히 문제가 없다면 일주일에 한 번 정도 청소하는 걸 추천합니다. 먼저 귀 세정제를 귀 안쪽에 넣어줍니다. 귀 세정제는 쉽게 증발하는 성질이 있어서 충분히 넣어도 무방합니다. 그러고 나서 세정제가 잘 섞이도록 귀 안쪽을 마사지해줍니다. 마사지를 충분히 해주면 강아지가 스스로 머리를 흔들어서 귀지와 세정제를 밖으로 내보내게 마련입니다. 이때 간혹 면봉을 사용하는 보호자들이 있는데, 면봉 사용은 반드시 피해야 합니다. 오히려 귀지를 안쪽으로 깊숙이 밀어 넣거나 과도한 자극을 주어 질병을 발생시킬 우려가 있기 때문입니다. 마지막으로 귀 밖으로 나온 잔여물을 휴지 등으로 닦아주면 됩니다.

Q …… **강아지가 칫솔을 너무 싫어해서 이빨 관리를 못 했더니 상태가 너무 안 좋아요. 집에서 이빨 닦는 간단한 방법이 있으면 알려주세요.**

A …… 칫솔을 싫어하는 강아지라면 거즈에 강아지 전용 치약을 묻혀 문지르거나 그냥 손가락에 치약만 묻혀서 문질러줘도 됩니다. 강아지 전용 치약은 강아지 이빨에 묻혀만 줘도 어느 정도의 살

균 작용을 일으킵니다. 입을 다문 상태에서 손가락으로 치약을 묻혀서 살살 문질러도 치아 관리에 효과가 있습니다. 만약 상태가 너무 안 좋다면 병원에서 스케일링하는 것이 가장 좋습니다. 치석으로 인해 치은염과 치주염이 발생한 상황이라면 이빨을 닦는 방법은 아주 제한적인 효과밖에 내지 못합니다. 우선 스케일링을 하고, 양치가 너무 힘들 경우 치아 관리 전용 껌을 활용한다면 어느 정도 관리가 가능합니다.

Q …… **강아지 발톱을 자르다 피가 자주 나서 너무 무서워요. 발톱 잘 자르는 좋은 방법이 있나요?**

A …… 강아지 발톱을 자를 때는 혈관을 자르지 않도록 조심해야 합니다. 발톱을 잘 보면 빨간색 부분과 하얀색 부분이 있습니다. 빨간색 부분은 혈관이기 때문에 앞의 하얀색 부분만 조심해서 잘라줍니다. 그런데 문제는 혈관 구분이 잘 안 되거나 아예 까만색 발톱을 가진 강아지들입니다. 그럴 땐 어두운 장소에서 플래시를 발톱에 비추면 어디까지가 혈관인지 선명하게 구분할 수 있습니다. 발톱을 자를 땐 욕심을 내서 한꺼번에 많이 자르려고 하지 말고 조금씩 잘라주는 편이 좋습니다. 발톱 혈관 바로 앞에서 자르면 반드시 출혈이 일어납니다. 조금 여유롭게 간격을 두고 잘라주세요. 사포를 사용해 발톱을 관리해주는 방법도 있습니다. 사포 위에 간식을 올려두고 강아지가 간식을 먹으려 들

면 적당히 제어해서 자연스레 사포를 긁게 만들면 됩니다. 놀이하듯 관리하는 게 포인트입니다.

강아지 발톱을 제때 잘라주지 않으면 슬개골 탈구 증상이 악화하거나 관절염이 생길 수 있으니 귀찮다고 생각하지 말고 꾸준히 관리해주어야 합니다.

Q …… 항문낭 짜기가 힘들어서 애견숍에 갈 때 돈을 주고 맡기는데, 혼자서도 잘할 수 있는 방법이 있을까요?

A …… 항문낭은 한 달에 한두 번 짜주는 게 좋습니다. 제때 짜지 않으면 염증이 생겨서 강아지가 매우 가려워합니다. 항문낭을 짤 때는 무엇보다 위치를 잘 파악해야 합니다. 강아지 항문 아래쪽 4시와 8시 방향에 항문낭이 있습니다. 꼬리를 위로 들어 올리고 만져보면 약간 느낌이 다른 곳이 있습니다. 그곳이 항문낭입니다. 항문낭 위치에 손가락을 대고 살살 문질러 긴장을 풀어준 뒤 밑에서 위로 힘을 가해 과감하게 눌러주면 됩니다. 손끝으로 정확한 위치를 파악해서 아래에서 위로 과감하게 눌러주는 게 포인트입니다.

만약 강아지가 항문낭 짜는 걸 너무 싫어한다면 지금처럼 병원이나 애견숍에 맡기는 게 낫습니다. 괜히 보호자와 관계만 나빠질 수 있으니까요. 악역은 다른 사람에게 대신 맡기는 것도 현명한 방법입니다.

Q …… 강아지가 하네스를 하는 걸 너무나 싫어합니다. 산책줄을 하지 않으면 벌금을 낸다는데 강아지는 싫어하고. 대체 어떻게 해야 할지 모르겠어요.

A …… 요새는 강아지를 위해 보호자들이 하네스를 많이 하는데 몸에 뭔가 걸치는 걸 싫어하는 강아지에게는 번잡한 하네스보다는 간단한 목줄이 더 편할 수도 있습니다. 하네스를 싫어하면 굳이 하네스만 고집할 필요는 없습니다. 목줄이 무조건 나쁜 건 아닙니다.

처음에는 목줄을 바닥에 내려놓고 목줄 주변에 간식을 놓아 강아지가 목줄과 친해질 수 있도록 합니다. 조금 익숙해지면 목줄을 넓게 만든 상태에서 손에 들고 줄 냄새를 맡게 하거나 간식을 활용해 목줄 안에 스스로 들어가는 연습을 시킵니다. 강아지가 목줄이 몸에 걸쳐지는 느낌에 익숙해지면 목줄을 좁게 만든 상태에서 간식으로 유인해 목에 걸어봅니다. 그러면 성공입니다.

이보다 힘이 덜 드는 방법은 강아지를 분양받을 때 산책줄을 사회화시켜주는 것입니다. 예를 들어 밥을 먹기 전에 하네스를 채우고 밥을 다 먹으면 풀어줍니다. 그러면 강아지는 산책줄을 차면 좋은 일이 생긴다고 인식하게 됩니다.

책 속에 등장한 강아지들을 공개합니다

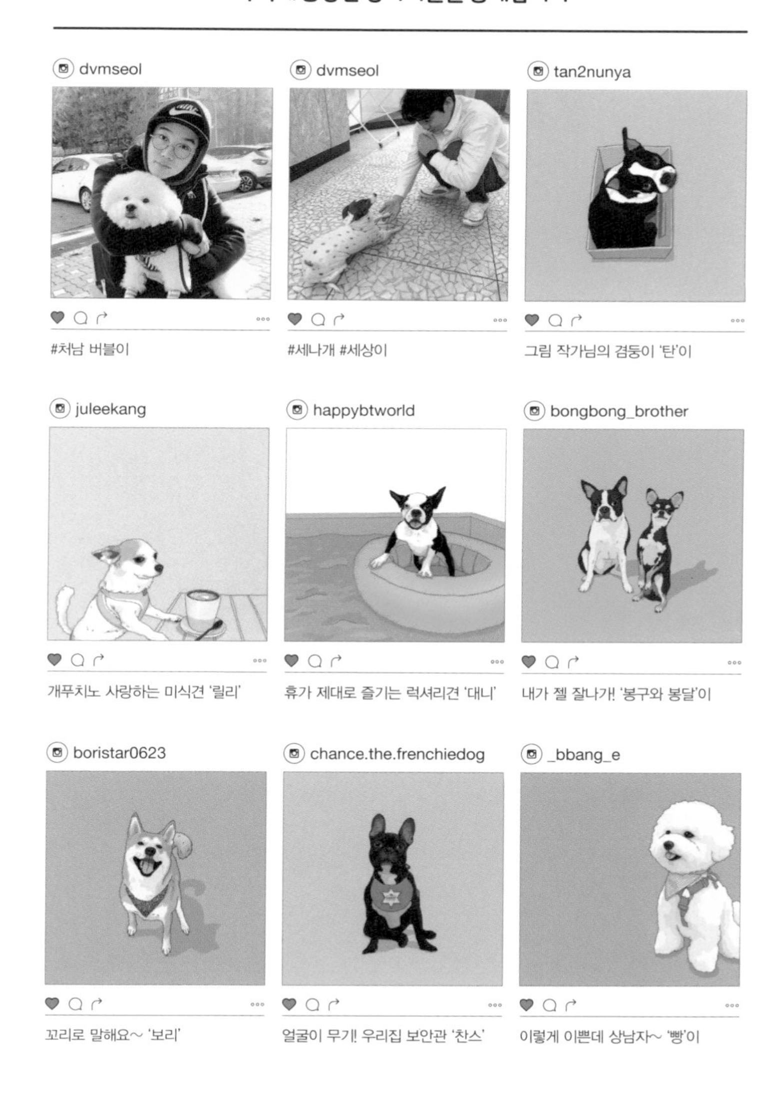

그 개는
정말 좋아서
꼬리를
흔들었을까?

개정판 1쇄 발행 2024년 10월 25일

지은이 설채현

펴낸곳 동아일보사 | **등록** 1968.11.9(1-75) | **주소** 서울시 종로구 청계천로1(03187)
편집 02-361-1069 | **팩스** 02-361-0979
인쇄 중앙문화인쇄사

ISBN 979-11-92101-31-6 13490 | **값** 19,800원